全国科学道德和学风建设宣讲教育系列丛书

大家讲学风

中国科学技术协会　编

中国科学技术出版社
·北　京·

图书在版编目（CIP）数据

大家讲学风 / 中国科学技术协会编 . -- 北京：中国
科学技术出版社，2022.2（2024.11 重印）
（全国科学道德和学风建设宣讲教育系列丛书）
ISBN 978-7-5046-8934-4

Ⅰ.①大… Ⅱ.①中… Ⅲ.①科学工作者—职业道德
Ⅳ.① G316

中国版本图书馆 CIP 数据核字（2020）第 258830 号

策划编辑	符晓静　李　洁
责任编辑	白　珺　王晓平　史朋飞
正文设计	中文天地
封面设计	沈　琳
责任校对	邓雪梅　吕传新　张晓莉
责任印制	李晓霖

出　　版	中国科学技术出版社
发　　行	中国科学技术出版社有限公司
地　　址	北京市海淀区中关村南大街16号
邮　　编	100081
发行电话	010-62173865
传　　真	010-62173081
网　　址	http://www.cspbooks.com.cn

开　　本	710mm×1000mm　1/16
字　　数	220千字
印　　张	20.25
版　　次	2022年2月第1版
印　　次	2024年11月第2次印刷
印　　刷	北京瑞禾彩色印刷有限公司
书　　号	ISBN 978-7-5046-8934-4 / G·924
定　　价	49.80元

序

习近平总书记指出，科学成就离不开精神支撑。科学家精神是科技工作者在长期科学实践中积累的宝贵精神财富。广大人才要继承和发扬老一辈科学家胸怀祖国、服务人民的优秀品质，心怀"国之大者"，为国分忧、为国解难、为国尽责。为进一步弘扬科学家精神，党中央、国务院大力持续深入推动作风和学风建设常态化、制度化，激励和引导广大科技工作者追求真理、勇攀高峰，树立科技界广泛认可、共同遵循的价值理念，在全社会营造尊重科学、尊重人才的良好氛围。

2011年以来，中国科协、教育部、科技部、中国科学院、中国社会科学院、中国工程院、国家自然科学基金委组建全国科学道德和学风建设宣讲教育领导小组，持续深入推进科学道德和学风建设宣讲教育。连续十年在人民大会堂举办全国科学道德和学风建设宣讲报告会，先后邀请了师昌绪、袁隆平、郑哲敏、黄旭华等近30位德学双馨的院士专家为新入学的研究生和新入职导师作报告。报告会通过线上线下广泛宣传，2020年网络直播点击量更是超过1000万，形成"千万师生同上一堂学风课"的热潮。全国科学道德和学风建设宣讲已经成为弘扬科学家精神、倡导科研诚信、涵养优良学风的社会性示范工程。

《大家讲学风》一书集结了十年间全国科学道德和学风建设宣讲报告会上科学家的精彩报告，生动呈现了一代代科学巨擘崇高的精神风范和高尚的人格魅力。我曾多次参加宣讲报告会，亲耳聆听科学家们的精彩报告，并在 20 多年的工作中和他们亲密合作，建立了深厚的友谊，亲身感受到他们严谨求实、奋发图强的作风和学风。希望广大科技工作者传承和发扬老一辈科学家的优秀品质，大力弘扬科学家精神，切实加强作风和学风建设，加快培育实现高水平科技自立自强的强大精神动力，在服务国家、奉献社会的同时实现自我价值，建功立业新时代！

中国科协主席　万　钢

2021 年 12 月

目录
CONTENTS

韩启德 　加强科学道德和学风建设………………001

师昌绪 　试谈做人、做事、做学问………………007

袁隆平 　发展杂交水稻，造福世界人民………………019

杨　乐 　培育良好学风，做好博士论文………………031

吴孟超 　一生为理想去奋斗………………043

郑哲敏 　学知识、练本领、做诚实人………………059

杜祥琬 　恪守底线　追求卓越
　　　　——与青年朋友谈心………………069

张海鹏 　学习老一辈学者在治学与学风上的
　　　　优秀品格………………081

吴良镛 　志存高远　身体力行………………099

杨　乐 　科学研究和学术道德………………111

杨　卫　为学有道　为人有德
　　　　——与青年朋友共勉……………………… 125

薛其坤　胸怀理想　追求卓越　做一个学风
　　　　严谨的科学工作者………………………… 139

潘建伟　梦想与责任………………………………… 155

樊代明　三千年医学的进与退……………………… 177

李晓红　严守学术道德，弘扬科学精神…………… 193

邱　勇　在新时代成就精彩的学问人生…………… 207

黄旭华　使命　责任　担当………………………… 219

怀进鹏　弘扬新时代中国科学家精神
　　　　汇聚科技强国建设磅礴力量……………… 233

施一公　做诚实的学问　做正直的人……………… 247

王泽山　牢记使命　忠诚奉献……………………… 265

钱七虎　让生命在科技报国中闪光………………… 275

戚发轫　传承航天精神　建设航天强国…………… 289

樊锦诗　守一不移　奉献敦煌……………………… 303

韩启德

加强科学道德和学风建设

欲修学，先立身。

青年科技工作者要坚持以德立学、以德立业、以德立人，重操守、重品行、重修养，真正做到做人做事相统一、立德立学相统一、人品学识相统一。

韩启德　1945 年 7 月出生，中共党员、九三学社社
员，中国科学院院士，发展中国家科学院
院士，北京大学教授，中国科学技术协会
第六届全国委员会副主席，第七、第八届
全国委员会主席。

病理生理学家，主要从事分子药理学与心血管基础研究。
在国际上首先证实 α1 肾上腺素受体（α1-AR）包含 α1A 与
α1B 两种亚型的假说，并深入研究了各种亚型 α1-AR 在心脏
和血管的分布、介导的效应、调节特征、与 -AR 的交互作用
以及多种病理状况下的改变等，揭示了多种亚型 α1-AR 在心
血管同时存在的生理与病理意义。在心血管神经肽研究方面
发现血浆和血小板中神经肽 Y 的改变与脑血管痉挛和高血压
的发病有关。

曾获国家自然科学奖三等奖、何梁何利基金科学与技术
进步奖等奖项。

　　科学技术作为人类智慧的结晶，不仅创造了巨大的生产力推动经济社会发展，而且不断丰富和发展求真求实的科学文化内涵，形成了以科学精神为精髓的人类社会的共同信念、价值标准和行为规范。纵观人类社会发展历史，从摆脱中世纪的蒙昧进入文艺复兴时期，到近代工业革命的兴起乃至20世纪以来新技术革命浪潮引领的知识经济时代，我们可以清晰地看到，科学精神不仅是推动科学技术发展的不竭动力，也是引领人类文明进步的重要标杆，千百年来一直深刻影响着人们的行为方式和价值追求。哥白尼曾说过，"人的天职在于探索真理"，那么科学研究就是这份天职中最崇高、最纯洁的职业。

　　在我国，依靠科学和民主实现中华民族的伟大复兴，是百余年来中国科技界的不懈追求。中华人民共和国成立60年来，一代又一代科技工作者爱国奉献、坚持真理、开拓创新、诚实守信，不仅在科学技术领域取得了辉煌成就，而且塑造了热爱科学、勇攀高峰、忠于祖国和人民的高尚品格，显示出优良的科学道德与学术素养，为全社会树立了光辉典范。"两弹一星"精神、载人航天精神就是科技界在创造伟大功勋中凝炼的伟大精神。没有这种崇高的精神力量，就没有我国

韩启德　加强科学道德和学风建设

003

科学事业今天这样良好的发展局面，就没有我国今天令世界瞩目的综合国力，这是我国科技界最宝贵的精神财富。

在看到我国科研诚信与优良学风主流的同时，也应当清醒地看到，近些年来，随着我国经济社会环境的变化，一些社会不良行为和习惯势力开始侵蚀科技健康的肌体，科研造假、学风浮躁、抄袭剽窃等行为屡屡发生，已经成为社会的热点问题，严重危害了科技界的公信力和良好社会形象，不利于青年科技人才的健康成长，对科技事业健康发展产生的消极影响不可低估。解决这些问题迫在眉睫、刻不容缓。广大科技工作者要与教育工作者一起行动起来，继承和发扬老一辈科学家的优良传统，高举爱国主义旗帜，大力弘扬科学精神，恪守科学道德和科研伦理，以严谨的科学态度和强烈的社会责任感，着力推进学风道德建设，让科研领域成为阳光下最纯洁、最神圣的一方净土，让科技工作成为最受人尊敬、最令人向往的崇高职业。

加强科学道德和学风建设是科技界、教育界的一项共同使命和长期任务。中国科协与教育部联合发起科学道德与学风建设宣讲教育活动，就是希望通过宣讲活动正确引导广大科技工作者，特别是青年科技工作者和在校研究生，遵守学术规范，坚守学术诚信，完善学术人格，维护学术尊严，旗帜鲜明地揭露和抵制学术不端行为。今天的报告会拉开了宣讲活动的序幕，今后科学道德和学风建设宣讲教育会成为一项长期性、制度性的活动，在全国范围内广泛开展，让每一个立志于从事科学研究的青年人，让每一个新入职的科技工作者都能够及时得到科学道德和学风这方面的教育。借此机会，我想向广大青年朋友提几点希望：

第一，欲修学，先立身。青年科技工作者要坚持以德立学、以德立业、以德立人，重操守、重品行、重修养，真正做到做人做事相统一、立德立学相统一、人品学识相统一。要以老一辈优秀科学家为榜样，树立正确的世界观、人生观和价值观，自觉把个人的聪明才智和事业追求与现代化建设的需要和亿万人民的幸福安康结合起来，努力实现自己的理想抱负。

第二，要严格遵循学术规范，养成良好学风。要像爱惜自己的眼睛一样珍惜自己的学术声誉，坚决抵制学术上的不正之风，维护科技创新成果的公信度，维护科技工作者的良好形象。要自觉树立"营造优良学风从我做起"的意识，养成献身、创新、求实、协作的良好作风。不仅要熟练掌握专业知识和操作技能，进一步增强自身理论联系实际的社会实践能力，全面提高自身的综合素质与创新能力，而且要树立正确的学习观、成才观，发扬紧密协作、和衷共济的团队精神，互相尊重、互相学习，善于包容、善于合作，取长补短、协同攻关，推动形成有利于出成果、出人才的良好学术氛围。

第三，要敢于质疑、勇于创新。"学贵知疑，大疑则大进，小疑则小进，不疑则不进。"青年科技工作者要以蓬勃的朝气和奋发向上的精神，不断探索，提出质疑，力争求实

创新，从容面对失败。要励精图治、克服困难，站在前人的肩膀上勇攀高峰，抓住正确方向，奋勇拼搏、勇往直前，以"攻城不怕坚、攻书莫畏难"的气势和"会当凌绝顶、一览众山小"的气概，在建设创新型国家的伟大事业中有所作为。

科研诚信和良好学风是科学事业繁荣发展的前提，是建设创新型国家的基石。我们坚信，在大家的共同努力下，通过密切交流与合作，科研诚信必将改善，科学领域将更加纯净，科学精神将永放光芒。

师昌绪

试谈做人、做事、做学问

做人要海纳百川，诚信为本，忍让为先；

做事要认真负责，持之以恒，淡泊名利；

做学问要实事求是，勇于探索，贵在发现与创新。

师昌绪　1920 年 11 月—2014 年 11 月，中共党员、九三学社社员，曾任中国工程院副院长、国家自然科学基金委员会副主任、中国科学院金属研究所所长，中国工程院院士、中国科学院院士、第三世界科学院院士。

材料科学家、战略科学家、中国高温合金开拓者之一，带队研制出我国第一代铸造镍基高温合金空心涡轮叶片，并得到广泛应用。作为战略科学家，引领并推动了我国新材料、航空发动机与燃气轮机、大飞机、纳米科学技术、碳纤维、金属腐蚀与防护、镁合金、生物医用材料等领域的发展，多次参加或主持制订我国有关领域科技发展规划，主持国家重点实验室、国家工程研究中心和国家重大科学工程的立项和评估工作。

曾获 2010 年度国家最高科学技术奖、国家科学技术进步奖一等奖等奖项。

今天我讲的题目是"试谈做人、做事、做学问"。

我今年 91 岁，出生于河北省农村的一个大家庭。我家是四世同堂、诗书传家，全家共有 40 口人，这培养了我勤劳、忍让的性格。20 世纪三四十年代，北方军阀混战和日寇入侵，使我立下强国之志，就是要使中国强盛起来。这个强国之志一直鼓励着我前进，至今不改。

我怀着满腔的爱国热情读完中小学，上大学，大学读的是采矿冶金工程系，主要是基于实业救国的理念。1948 年留学美国，转入冶金与材料系。20 世纪 50 年代初，由于抗美援朝，美国政府阻挠中国留学生回国，我作为积极分子，经过艰苦斗争，于 1955 年回到祖国，那年我 35 岁。回国后，我被分配到中国科学院，科学院领导对我说，上海和沈阳任选一处，哪个地方都有你的工作可做。因此，我就选了当时生活条件艰苦的沈阳中国科学院金属研究所，从事金属材料的研究与开发。这一干就是 30 年，做出了一些具有开拓性的研究工作。到了 20 世纪 80 年代中期，我被调到北京，从事科技管理工作，先是担任中国科学院技术科学部主任，两年后又调到国家自然科学基金委员会。1994 年中国工程院成立，我是倡导者及筹建人之一。如此种种，为国家科技发展献计献策。而今，我虽然年逾九十，仍在坚持上班，主持或参加各种会议，有时还到全国各地出差。为此，党和人民给予了我很高的荣誉：1989 年作为先进工作者出席全国劳模大会；2011 年荣获 2010 年度国家最高科学技术奖；2011 年中国共产党成立 90 周年，我被选为全国 50 名优秀共产党员之一。

这些荣誉的取得，首先归功于各级党组织的培养和支持，当然也和我有一个正确的人生观以及做人、做事、做学问的理念分不开。现仅就 2011 年所获得"2010 年度国家最高科学技术奖"的主要内容之一——"航空发动机镍基高温合金铸造空心涡轮叶片的研制与推广"为例，来说明我是如何做人、做事、做学问的。

众所周知，航空发动机是飞机的心脏，因为它是飞机动力的来源。而涡轮叶片是发动机中最关键的部件之一，它要求耐高温、高强度、长寿命，而且要抗疲劳、耐腐蚀。叶片一旦发生断裂，往往造成机毁人亡，所以有人说"一代涡轮叶片决定一代航空发动机"。

1964 年，我国自行设计的超音速歼击机问世，而合适的航空发动机却没有着落。当时航空部在沈阳召开了一个研讨会，讨论航空发动机的方案，大家一筹莫展。北京航空研究院负责材料与工艺的荣科总工程师大胆提出采用空心涡轮叶片以提高涡轮前温度 100 摄氏度。因为涡轮温度越高，发动机的推力越大，但叶片材料受不了，甚至接近熔点，如果使叶片内部造成多孔的空心，再通过空气冷却，使表面温度下降，就可以提高燃烧温度，增加发动机的推力。但是空心叶片怎么做出来便成为最大的难题。荣科总工程师知道金属所自1959年就开始研制铸造高温合金，并多次来所参观访问。于是，他在沈阳研讨会的那天晚上散会后就到我家谈了他的想法，并提出"材料与航空发动机设计和制造"三结合的方案。我根本不懂什么空心叶片，我也没有见过，当时只有美国有，而且处于高度保密状态。英国人试了多年，但因铸造高温合金性能不稳定而裹足不前。出于爱国的热情，我毅然把这项任务接受了下来。为了完成这个任务，金属所组织了上百人的科技队伍来从事这项工作，从合金的研制、型芯的选择、壁厚的测量，以及标准的制定，期间经历了很多很多的困难。值得一提的是型芯的选择，用什么芯来做航空叶片，试了七八个方案都没有成功，我偶然间从杂志上看到美国关于出卖各种规格石英管的广告，受到了启发，于是我们采用石英叶片，型芯的问题在一两个月内就迎刃而解了。其中三个单位的通力合作是关键，除我们所里的100多人外，还有设计所和生产厂的工作人员，合作是一个最大的问题。我们克服了很多困难，从走出实验室到试车、试飞，以及在工厂形成批量生产，仅用了一年多的时间。

到了20世纪70年代中期，航空部决定将空心叶片的生产转移到贵州，要金属所派一个小分队前往，并指定我带队。贵州在当时是最艰苦的地区之一，从沈阳到贵州要坐30多个小时的火车，有时候连水都喝不上，现在在座的年轻人估计谁也没有这个体会。我在贵州干了半年多，和厂内技术人员及工人打成一片，解决从原材料的准备、冶炼和浇铸到标准的制定等一系列问题。而今已生产了几十万片空心叶片，装备了4000多台航空发动机，用于多种型号的飞机上。几十年来，我没有出过一次重大事故，而且当前的叶片合格率在70%以上，这已经达到国际水平。在我们去贵州的时候，该厂非常困难，濒临倒闭。我们去了以后，除生产叶片给他们创造了很多财富以外，我们还为该厂树立了良好的厂风，培养了一批工程技术人员。我国研发空心涡轮叶片还产生了一些世界影响。以前英国人经过长期研发和考核，认为铸造合金制造航空涡轮叶片不可靠，这是他们的总设计师亲自跟我说的，因而就束之高阁。20世纪80年代，荣科总工程师带领世界上两大航空发动机生产厂之一——英国罗勒公司的总设计师到沈阳发动机厂参观，英国设计师看到我们生产的发动机采用了气冷铸造空心涡轮叶片，不无感慨地说："单凭看到你们这一成就，我就没白来中国一趟。"回到英国以后，他们也采用了铸造涡轮叶片。苏联接着也开发了空心铸造涡轮叶片。20世纪60年代我们开发的涡轮叶片是多晶，在座的学习材料的都知道多晶。而后发展为定向结晶和单晶，其冷却效果也大为提高，过去冷却效果只能达到100摄氏度，而今已经达到五六百摄氏度。但是，毕竟我们有了一个良好的开端，并带动了全世界的发展。

在金属所工作期间，我主要从事实用材料的研究与开发，一直到工业生产和应用，但是我也十分重视基础研究工作，否则就没有持续发展的后劲。20 世纪 60 年代初，我们确定金属所要以开发铸造高温合金为主攻方向以后，我便提出以"高温合金的凝固过程的研究"为主要学科方向。因为铸造合金的铸件质量取决于液态金属的元素在凝固过程中的行为，从而我们发现了某些杂质元素会使正常的合金元素发生严重的偏析，造成了高温合金性能的下降和变脆，因而，只要控制好这些杂质元素的含量，合金的性能就会大幅度提高，从而发明了"高温合金的低偏析技术"，这一技术也可用于合金钢。1998 年，在华盛顿召开的国际实用材料大会上，全世界共评出 12 项技术，我们的"低偏析技术"这一发现位列其中。

此外，为了研究材料在疲劳应力下裂纹的萌生与断裂过程，在我的指导下，研究人员开发出"红外监控技术"。材料是否可用，采用一般常规测试技术，往往与事实不相符。因而在 20 世纪 60 年代，我又提出"接近使用条件下的材料性能"的研究。由于早期我国镍、铬资源十分匮乏，又受到国际的封锁，由我领导的团队，还开发了几种节镍铬的高合金钢和高温合金，从实验室走到工业推广，都用了 10 年左右的时间。这说明坚持是一个非常重要的因素，体现了团结合作和坚持负责到底的精神。

通过多年的实践，我悟出了做人、做事和做学问的准则，并成为我遵循多年的座右铭："做人要海纳百川，诚信为本，忍让为先；做事要认真负责，持之以恒，淡泊名利；做学问要实事求是，勇于探索，贵在发现与创新。"其中，以做人为最重要的准则。2002 年，北京大学出版社曾出了一本由美国研究理事会编写的《科研道德》，其中引用了爱因斯坦的一段话："大多数人说，是才智造就了伟大的科学家，他们错了，是人格。"这里所指的人格，对科学技术工作者来说，就包括科学道德和科学精神。

一个人能否取得成功，归根结底是人生观的问题。对人生观，我的理解是：人为什么活在世上，怎么活着才快乐，怎样的人生才有价值。这是我对人生观的理解。人活在世上，就要为人类做贡献。从一万多年前的石器时代到今天的网络信息时代，都是前人所做的贡献的结果。作为一个中国人，首先要为中华民族做贡献，这是我在青年时期就立下的"强国之志"的誓言。所以 1955 年，我从美国麻省理工学院一定要争取回国。回国后，即使是整天吃窝窝头，我也无怨无悔，我都是跟别人这样说的，出国深造就是为了回国，为中华民族的振兴做贡献。一个人有了一个正确的人生观，就永远不会懈怠，即使受了很大的挫折也不会退却。像 20 世纪 60 年代，在"文化大革命"期间，我险些丧命，但是国家恢复常态后，我工作热情未减，而且做出了更大的贡献。

然后，谈谈人怎么活着才快乐。丰衣足食，有一个美满的家庭，在工作上取得重大成就都会使人快乐，但是最根本的是如何做人。因为在现代社会中，一个人不可能独立存在，人际关系便成为不可回避的现实，表现在科学道德和科学精神方面，有以下几个方面要考虑：

第一是诚信。说谎话、造假数据、剽窃别人的成果，心里总是不踏实，有愧于良心，怕别人发现，总是提心吊胆而造成不快乐。恪守诚信的人，即使与别人产生一些矛盾，也会得到别人的谅解。诚信可以使一个集体团结，这是完成一项重大任务的必要条件，也是改变社会风气的必由之路。

第二是平等待人。助人为乐、人人平等，世人皆知，但是真正做到这一点很不容易。我在这方面可能有些特点，所以找我的人很多，不管是服务员，还是官员，我都一样地接待，因为帮助了别人，别人取得成就，国家受益，我自己也有成就感，这就是我爱和人打交道的原因。

第三是要正确认识自己。一个人往往攀高不攀低而自寻苦恼，要多欣赏别人的长处，否则老觉得自己委屈吃亏而不快乐。

第四是不要嫉妒。嫉妒是万恶之源，嫉妒会造成不团结，嫉妒会造成互相拆台，以致可以办成的事办不成。对单位或部门来说，也是一样，由于嫉妒别人超过自己，就想办法压制对方，这样受害的不是个人，而是国家。

我们的制度是主管说了算，如果这位领导嫉妒心很强，就怕别人超过自己，他必然会拆别人的台，使那个有本事的人留不住，因而这个单位就会每况愈下，成为武大郎开店，一代不如一代。所以作为一个有志青年，要尽力发挥自己的才智，不要和别人攀比，更不要存在嫉妒心，否则就是自寻苦恼，生活不会快乐。

最后，我想和年轻人说几句话。我的复杂经历使我养成了海纳百川、包容和容忍的性格。由于我们这代人在少年时期饱受战乱之苦，所以感到中国必须富强起来，别人才不敢欺负我们，从而培养出坚定的爱国信念。据媒体调查，中国人的幸福指数不高，其中有些年轻人不太了解过去，对现状有些不满意。我建议从娃娃时期就应该学习点中国历史，使他们知道中国之所以有今天，是多么来之不易，鼓励他们继续努力，才能使我们这个经济大国走向经济强国。你们这一代要实现在 2020 年把中国建设成创新型国家，并在本世纪中叶实现中华民族伟大复兴的宏伟目标，你们应该立下这个伟大的"强国之志"。没有志气，就没有做事的动力和克服困难的毅力。这是第一点。

第二点要说的是做学问要实事求是才能学到真本事，否则就是"自欺欺人"。俗话说得好，只有吃得苦中苦，才能做得人上人。这是几十年来，我最深刻的体会。中国当前正提倡建设创新型国家，真正有影响的创新，来源于扎扎实实的基础研究。希望在座诸位中有更多的人在这方面做出更大的努力、取得更多的成果，中国的科学技术要想领先于世界，就靠你们年轻一代，年轻一代要想充分发挥作用，除了依靠每个人的努力，也要靠科技体制和教育制度的改革。

第三点是要坚持勤劳、勇敢、节俭的优良传统。一个国家不重视生产，不可能致富，提前消费造成国家入不敷出，造成社会不稳定。我国之所以有今天，就是靠全国人民的勤劳、节俭和改革开放政策。就是国家富裕了，也要艰苦奋斗，这是中华民族的优良品德。

只要同学们在学习和研究中，胸怀强国之志，实事求是，艰苦奋斗，就可以"有志者，事竟成"！

袁隆平

发展杂交水稻，造福世界人民

经常有人问我，你成功的秘诀是什么？其实谈不上什么秘诀，我的体会是八个字："知识、汗水、灵感、机遇"。

在科学研究中我赞成标新立异，但大方向要把握好，要正确，一定要避免盲目性，以免钻牛角尖，走入死胡同。

灵感是知识、经验、思索和追求综合在一起的升华产物。

袁隆平　1930 年 9 月—2021 年 5 月，无党派人士，
　　　　曾任湖南杂交水稻研究中心暨国家杂交水
　　　　稻工程技术研究中心主任，中国工程院
　　　　院士。

农业科学家，中国杂交水稻事业的开创者和领导者，被誉为"杂交水稻之父"。毕生致力于杂交水稻研究，发明"三系法"籼型杂交水稻，成功研究出"两系法"杂交水稻，创建了超级杂交稻技术体系。多次赴国际水稻研究所及美国、印度、越南、缅甸、菲律宾、孟加拉国等国开展国际合作和传授杂交水稻技术，以推动杂交水稻在国际上的研发，帮助其他国家克服粮食短缺和饥饿问题，为确保我国粮食安全和世界粮食供给做出了卓越贡献。

曾获 1981 年国家技术发明奖特等奖、2000 年度国家最高科学技术奖、2014 年国家科学技术进步奖特等奖、1987 年联合国教科文组织科学奖、2004 年沃尔夫农业奖和 2004 年世界粮食奖等 20 余项国内和国际奖项。2018 年被授予"改革先锋"称号，2019 年被授予"共和国勋章"。

　　我很高兴能参加这次报告会，借这个机会介绍一下杂交水稻的发展情况和我研究杂交水稻的一些心得体会。

　　首先讲一讲什么叫作杂交水稻。杂交水稻就是利用水稻的杂种优势，把两个遗传性不同的品种进行杂交，来提高水稻产量，这就叫杂交水稻。我们国家于 1964 年开始研究杂交稻，1973 年基本成功，1976 年大面积推广，由于它的产量高，所以迅速扩大了它的种植面积。

　　2010 年，全国杂交水稻的种植面积达到了 2.5 亿亩左右，占全国水稻种植面积的 57%，总产量占水稻总产量的 65%，全国水稻近年来的单产是每亩 430 公斤，杂交稻是每亩 490 公斤。

　　做一个比较，大家知道日本在科技方面是个先进的国家，它的水稻种植面积只有 2500 多万亩，只有我们杂交稻的 1/10，它的单产是每亩 450 公斤，我们的杂交稻单产比它每亩高了 40 公斤。印度是个发展中国家，水稻种植面积很大，它的亩产只有 200 公斤，这说明我们的杂交稻是领先于世界水平的。为了满足新世纪我们对粮食的需求，农业部在 1996 年又立项了中国超级稻的育种计划。它分为两个阶段：第一阶段是 1996—2000 年，要实现大面积示范，就是 100 亩，平均亩产一季稻 700 公斤；第二阶段是 2001—2005 年，它的指标是大面积示范，亩产 800 公斤。

超级稻育种一直是世界上很多国家和研究单位的重点项目。1981 年，日本率先开展超级稻育种研究，它的指标是要求在 15 年之内把水稻产量提高 50%，也就是说从亩产 600 多公斤提高到亩产 900 公斤。后来国际水稻研究所也开展了超级稻研究，它的指标是把水稻的单产提高 25%，也就是从亩产 600 多公斤提高到亩产 750 公斤。

但是，无论日本也好，还是国际水稻研究所也好，他们的指标到现在都没实现。我们国家是后来居上，2000 年就实现了第一期超级稻百亩示范田平均亩产 700 公斤的目标，大面积种植规模已经达到 2000 万亩，亩产达到了 550 公斤。第二期超级稻的目标是提前一年，即在 2004 年就实现了示范田亩产 800 公斤，大面积种植达到了亩产 600 公斤。

在第二期超级稻 2004 年成功达到目标之后，农业部又立项了第三期超级稻，就是亩产大面积示范 900 公斤，通过六七年的努力攻关，今年我们顺利地实现了 108 亩示范田亩产 926.6 公斤的目标，大面积推广之后，它又可以上个台阶。

从 1996 年超级稻育种立项开始，每五年就上一个新台阶，这个台阶很高，示范田是增产 100 公斤一亩，大面积是增产 50 公斤一亩，我们都跨越了，所以说我们的研究一直处于世界领先水平，这是我们值得骄傲的地方。

再简单介绍一下杂交稻在国外的发展情况。我们国家

研究成功的杂交稻在国外同样表现良好，近几年已经有 7
个国家在生产上大面积推广，其中有印度、越南、菲律宾、
孟加拉国、印度尼西亚、巴基斯坦和美国，而且增产效果
非常明显。2010 年，国外杂交稻的种植面积达到了 5100
多万亩。

举例来说，越南近几年的杂交稻种植面积有 1000 万亩左
右，单产是 420 公斤，它本地的品种只有 300 公斤，增产将
近 40%，越南由于大面积多年种杂交稻，由一个粮食比较短
缺的国家一跃成为仅次于泰国的第二大米出口国。菲律宾也
在种杂交稻，我有个助手在那里发展杂交稻，近两年它的种
植面积有 30 多万亩，亩产平均达到了 470 公斤，而它本地的
水稻平均亩产量也只有 300 公斤。菲律宾非常重视发展杂交
稻，希望到 2012 年把杂交稻在他们国家发展到 90 万公顷，
每公顷增产 2 吨粮食，一共可以增产 150 万吨粮食，达到粮
食自给。以上讲的是发展中国家。

发达国家一样表现突出，特别是在美国。我们把杂交水
稻技术在 20 世纪 80 年代转让给美国，美国近几年也在生产
上大面积应用推广杂交稻，2010 年的面积达到 600 万亩，占
全国水稻面积的 1/3，增产的幅度是 25%。杂交稻在非洲、南
美洲的十几个国家试种都很成功，大概每亩能够平均增产 150
公斤。如果全世界有一半水稻种上杂交稻，全世界有 22 亿多
亩，每亩增产 150 公斤以上，每年能够增产 1.5 亿吨稻谷，可
以多养活 5 亿人口。所以说，在世界范围内发展杂交稻，对

保障粮食安全和促进世界和平都具有重要意义。

下面再讲一讲我研究杂交稻的一些心得体会。为什么要研究杂交稻？20世纪60年代初的一个7月，有一天，我照例在水稻抽穗的时候到田里去选种，在试验田中我突然发现了一株特别优良的"鹤立鸡群"的水稻，穗子特别大、特别多，穗粒很饱满。我喜出望外，如获至宝，后来我就把它收为种子，第二年把它种上。我管理得非常仔细，几乎每天去观察，希望这个品种成龙，因为当时的稻穗品种一般只有五六百斤，我选的这株"鹤立鸡群"，推算上去可以升1000斤以上，我把这个东西作为一个非常有希望的品种，每天去观察，希望这个品种成龙。

可是到了抽穗的时候，我大失所望，早的早，迟的迟，高的高，矮的矮，我种了1000多株，没有一株能够像它的"老子"那么好，我非常失望。我叹了口气，坐在田埂上，呆呆地望着那个高矮不齐的稻株，就在这个失望的时候我突然来了灵感：水稻是自花授粉植物，纯系品种是不会分离的，它为什么会分离呢？是不是遗传？学生物学的同学都知道，只有杂种才有分离现象。后来我就把高株和矮株做了一些统计，高矮的比例是3∶1，正好符合孟德尔的遗传学规律，这就证明了我发现的那株"鹤立鸡群"的优良水稻是一株天然杂交稻。

于是，我萌发了研究杂交稻的决心，从1964年开始，我开始正式研究和培育杂交稻。但是在那个年代，传统的观点认为水稻、小麦等自花授粉植物是没有杂种优势的。因此，我的这项研究遭到不少人的反对和讽刺。但是我认为杂种优势是生物界的普遍现象，小到微生物，高到人类，都有杂种优势现象，有无杂种优势不是由生殖方式来决定的，而是在于杂交双亲的遗传性是不是有差异，水稻也绝不会例外。

为了证明水稻具有杂种优势，1972 年，我们在湖南省农科院的试验田里种上了我们的杂交稻，来说服有关人士。我们的杂交品种种了四分田，还有对照品种，就是高产品种与常规品种做对照。我们的杂交稻长得非常好，长势很旺，对照种只有七八寸高，我们的杂交稻有一尺多高；对照种一株只有四五个分蘖，我们的杂交稻有七八个分蘖。我有个助手就带着一点吹嘘的口吻说，我们的杂交稻是三超杂交稻。什么叫三超杂交稻呢？就是杂交稻产量要超父本、超母本和超标准品种。大家对杂交稻抱有很大的希望。最后到验收的时候，结果不尽如人意，产量比对照种还略有减产，而稻草却增加了将近七成。于是有人就讲风凉话了，他说可惜人不吃草，人要是吃草，你这个杂交稻就大有发展前途。

后来就开会研究到底要不要继续支持杂交稻研究，我们那时候是少数派，大多数人是反对的。后来我就冷静地分析，并在会上站出来发言说，从表面上看我们这个试验失败了，稻谷减产了，但是从本质上讲，我这个试验是成功的。为什么？因为现在争论的焦点是水稻自花授粉植物到底有没有杂种的优势。我现在用试验证明了它有强大的杂种优势，至于这个优势是表现在稻谷上还是稻草上，那是技术问题。我们只要改进技术，就可以把这个优势发挥到稻谷上。后来院领导代表说，老袁讲得有道理，应该继续支持。从此，我们杂交稻的研究就比较顺利地得到了各方面的支持。

这说明什么呢？我们虽然失败了，但是失败是成功之母，有好多事情失败里面包含着成功的因素，因为在失败当中有经验、有教训。搞科学试验绝不是一帆风顺的，不要怕失败，要善于从失败中总结经验教训。所谓"吃一堑，长一智"，一失败就灰心丧气，到此止步，这样的人是很难成功的。马克思有句名言："在科学上没有平坦的大道，只有不畏劳苦沿着陡峭山路攀登的人，才有希望达到光辉的顶点。"我的体会是只要大方向是对的，就应该有不折不挠的精神，只有这样，才有希望取得最后的成功。

经常有人问我，你成功的秘诀是什么？其实谈不上什么秘诀，我的体会是八个字："知识、汗水、灵感、机遇"。首先是知识，知识是基础，是创新的基础。现在科学技术这么发达，如果你是个文盲是不可能搞科学试验的，知识就是力量，道理大家都很明白。我认为在知识方面不一定要博古通今，成为一个学问家，但除了要对自己从事的专业很熟悉，还要掌握一些相关领域的知识，以开阔视野，要了解最新发展动态，还要懂一点外语。

在科学研究中我赞成标新立异，但大方向要把握好，要正确，一定要避免盲目性，以免钻牛角尖，走入死胡同。过去曾经有聪明人研究永动机，这是大方向错了，违反了能量守恒的自然规律，所以说走进死胡同，是搞不成功的。

第二是汗水，就是脚踏实地地苦干。任何一项科研成果都来自深入细致的实干、苦干。水稻育种研究是一门应用科学，它是要实践的，要到田里面去干，肯定要流汗。在水稻生产的季节，我每天都背上一个水壶，带两个馒头，中午顶着太阳下田，一干就是三四个小时，流了很多的汗，虽然很辛苦，但是我感到乐在苦中，这是因为有美好的前景在激励我，有强烈的事业心来支撑我。我培养学生，第一个要求就是要下试验田，这是最起码的，你不下田，我就不培养你。书本知识非常重要，电脑技术也是很重要的，但是书本里面种不出水稻，电脑里面也种不出水稻，只有在田里面才能种出水稻。

第三是要有灵感。我的体会是灵感在科学研究中与在艺术创作中具有几乎等同的重要作用。灵感来了，一首好诗、一手好棋就出来了；没有灵感，你挖空心思也写不出一首好诗。什么是灵感？我的体会是它是以思想火花的形式出现的，一闪就来了，但一闪又过去了，你可以去找，但却是找不到的，往往由一种外在因素诱发。我觉得灵感是知识、经验、思索和追求综合在一起的升华产物，它往往在外来因素的刺激下突然产生，擦出火花。

比如我当年从发现"鹤立鸡群"的稻株，到忽然产生它是天然杂交稻的念头，就是一种灵感，但是这种灵感是我多

年来不停追求和思索的结果。如果没有思索，这样高的高、矮的矮的特殊水稻就会被认为是一堆废品。

1997年，我到江苏省农科院观察他们培育的新品种时，有一个品种形态吸引了我，我突然一闪念，领悟出了超级杂交稻的株型模式，现在这个模式有不少育种家已经运用在选育超级杂交稻品种的实际工作中了，而且很成功。美国有一个著名的杂志叫 *Science*，它在2001年刊登了这个模式并对此加以介绍，其实那一闪念就是灵感。所以我奉劝从事科学研究的同志，要及时捕捉和运用在探索中迸发出的灵感。

第四是机遇。杂交水稻的一个突破口就是发现了一株雄性不育的野生稻，它为我们杂交水稻研究成功打开了突破口。有的人讲，我们发现雄性不育野生稻是靠运气，依我看这里有运气的成分，但绝不是单纯靠运气。我们在设计杂交稻的技术路线时，曾经构想把杂交育种材料的亲缘关系尽量拉大，用一种远源的野生稻与栽培稻进行杂交，通过这样来突破优势不明显的关卡。按照这个思路，我和助手到云南、海南去搞野生稻。

法国著名文学家巴斯德有句名言，他说"机会宠爱有心人"，或者是"机遇偏爱有准备头脑的人"。中国大文学家韩愈也有一句名言："世有伯乐，然后有千里马，千里马常有，而伯乐不常有。"我的两个助手，一个叫李必湖，一个叫冯克珊，他们在海南三亚发现了雄性的野生稻。为什么他们能发现呢？首先他们是有心人，是专门来找野生稻的。第二，他们有这方面的知识，知道什么叫雄性不育。所以，他们在采集野生稻的过程中，发现野生稻的雄蕊与我们栽培田里的雄性不育栽培稻有点类似，于是就能慧眼识珠，知道这是一株雄性不育野生稻，而别人就不懂这些，即使身戴宝石，也不能认出来。

美国学者唐·帕尔伯格曾写下一本书，叫作《走向丰衣足食的世界》。他在书中写道，从统计学上看，发现雄性不育野生稻明显是一个小概率事件，可是这种奇迹居然发生了。他说也许这正是科学史上一系列偶然事件的巨大作用，如弗莱明研究导致人体发热的葡萄球菌时，观察到无意飘落的青霉菌可以将葡萄球菌全部杀死，由此发明了葡萄球菌的克星——青霉素，也就是盘尼西林。爱德华看到挤牛奶的女工不出天花，从而发明了天花接种疫苗。这些发明创造的一个共同特点是当事人不仅亲眼看到了这些事物，而且从内心领悟到并很快抓住了这些事物的本质，这就是科学研究工作的本质。智慧成就有心人，偶然的东西带给我们的可能是灵感和机遇，所以说偶然性是科学的朋友，科学家的任务就是要透过偶然性的表现，找出隐藏在其后的深刻的必然性的规律。

杨　乐

培育良好学风，做好博士论文

科学追求的是纯真、美丽、严谨、精炼，论文的撰写也要达到这个标准。

提高思想觉悟和道德水准的一个重要方面，就是培养优良的科学道德和学风。

在科研工作中，要注意克服遇到的各种各样的困难，要有毅力，重要的成果常常是在坚持到最后才能获得的。

杨 乐 1939 年 11 月—2023 年 10 月，中共党员，世界华人数学家大会副主席，中国科学院院士。1998—2002 年任中国科学院数学与系统科学研究院院长，曾先后担任全国青年联合会副主席、全国政协委员、中国科协常委、中国数学会理事长、国务院学位委员会委员与数学评议组召集人、中国科学院主席团委员与数理学部副主任、全国科技奖励委员会委员等职。

数学家，主要从事复分析研究，在整函数与亚纯函数的值分布理论方面有系统深入的研究，其成果获得了国内外同行的高度评价和广泛引用。

曾获全国科学大会奖、国家自然科学奖二等奖、华罗庚数学奖、陈嘉庚数理科学奖、何梁何利基金科学与技术进步奖等多项重大奖项。

今天我很高兴随师老、袁老在这里和同学们见面交流，在座的同学主要是刚开始攻读博士学位的研究生。我想结合博士阶段的主要任务，怎么做好博士论文，培育优良的学风这些方面，谈谈我个人的一些认识和体会，供同学们参考。

我首先想说，博士研究生阶段是培养人才的一个非常重要的环节，攻读博士是人们成才征途上的一个重要阶段，可以说是一个关键阶段。那么博士生的主要任务是什么？博士生阶段我认为有两项主要任务：一项是继续打好比较广博和扎实的知识基础；另一项就是在导师的带领下得到完整的研究工作训练，做出优秀的博士论文。而第二项任务应该说是更为重要的任务，那么现在我着重对第二项任务，结合自己的体会做简要的说明。

首先是选题。选题应该有比较高的起点，要挑选研究领域中具有重要意义的问题，而且我们选的问题最好内容比较广泛，而不是一个很孤立的课题。我们所选择的研究课题，最好处于刚开始研究的阶段，而不是已经过了高峰，已经十分成熟了。选题的时候，首先我们可以考虑选一个比较大的研究领域或者研究方向，这个可以在导师的指导之下，根据我们学科的国际发展潮流和趋势，根据自己的兴趣和特长等因素来确定。博士论文的题目应该选择得比较宽大一些，如果我们选择的题目比较狭窄，就会使注意力一开始就集中在很狭窄的范围，缺乏施展才能的空间，很难做出一篇比较好的论文。选题的时候，我们应该很好地跟导师一起讨论分析，但是也不能过分地依赖导师，不要完全受导师的限制。

其实导师心中常有的是两类问题：一类是所在领域的著名难题，相当长的时间都没有解决的，一般说来，这些领域的著名难题，不宜作为刚开始做研究工作的博士生的主攻目标；另一类是导师在以往的工作和研究中遇到过的或者做过的问题，胸有成竹，导师完全知道这个问题应该如何做，但是他过去为什么没有做，或者做了没有发表呢？只是因为觉得这个问题意义不是那么大，所以没有去做它，或者是已经有了草稿，把草稿做完就放起来了，因为觉得没有太大的意思和发表的价值。后一类问题也不是有意义和有价值的选题。

第二个环节是研读文献。研读文献是博士生学习和研究中非常重要的一环，同学们在确定了研究的领域和方向以后，也可以暂时不确定自己的研究课题，而是先认真地阅读文献，对该领域逐渐形成全面的了解，而且自己可以分析和整理出一些值得进一步探讨的问题。虽然在大学本科和硕士阶段，我们已经学过很多课程了，但是要在一个领域开展研究工作，往往还需要阅读该领域的专著和一些基本文献。

比如说半个世纪以前，我和我的同学张广厚考进了中国科学院数学研究所，成为熊庆来教授的研究生。我们当时的研究领域是函数值分布理论，这个领域在比较长的时间内，曾经是数学发展的主流，成果十分丰硕，许多著名数学家都在这方面有专著。熊先生当时已经年逾古稀了，他对我们说："我年事已高，不能对你们提供多少具体的帮助，但是老马识途。"这是一句非常实在的话。例如，他指导我们研读和在讨论班上报告函数值分布近代理论的创始人 R. 奈望林纳（R. Nevanlinna）的一本书。这本书只有一百五六十页，但是因为这本书的作者奈望林纳是这个理论的奠基人和创始人，所以尽管这是一本一百五六十页的书，我们学了以后，能够比较快地掌握值分布论的要领和核心内容，迅速地走向该领域的研究前沿。

而相反，在我们这个领域，也有些六七百页的精装的专著，看起来那些书内容非常丰富，实际上并没有抓住这个领域里最重要的材料和内容，而是不断地在外围兜圈子，没有涉及核心问题。所以熊庆来先生说老马识途，除了专著，我们还要阅读该领域的或者研究课题的基本文献。有一些文献可能距现在已经有多年了，比如说几十年，但是在这些基本文献中，往往还包含了一些原始思想、重要成果或者基本方法，对现在的发展依然有潜在的影响，依然可以为我们的研究工作所借鉴。

在阅读这些基本文献时，我们要留意一些所谓综述性的文章，就是 survey paper，这些综述性的文章往往是请这个领域的高水平专家撰写的，他能够把这个领域的重要问题、主要成果、历史发展、所用的主要工具和方法很好地加以总结，并写出来。这种综述性的论文，如果同学们认真地阅读了，往往很有好处。

我们如果要在一个研究课题上开展研究工作，还需要掌握这个领域课题的最新动态和文献，否则就有可能花了很多工夫开展研究，并且去做成果，做出成果以后，却发现原来别人在前两年已经做了类似的工作，并且发表了论文，这就非常可惜了。对于一个领域和研究课题，可能要读好几十篇甚至一两百篇文献，因此就要有所区分了，有些论文需要非常刻苦地钻研，有些是一般性地浏览。对于重要的文献，我们不能停留在形式的推导和表面的理解上，而是要反复地来分析、参悟、钻研、揣摩这个论文的精神和实质，提炼出作者解决问题时的原始思想和精神实质。在非常认真地研读了文献以后，对这个领域的主要对象和问题、它的产生和发展、一些重要的成果、解决问题的途径和方法就有了比较好的把握。同时知道这个领域还存在哪些问题，或者自己在阅读文献时提出新的问题并着手解决。

那么，关于完整的研究工作训练，下一个环节就是刻苦攻关。要想解决一个有价值的问题，做出有意义的工作和成果，绝不会是一帆风顺的，会遇到许多困难，经历很多挫折，往往会有一个比较长的过程。这种过程很像20世纪清华大学国学院的四大导师之一王国维先生用古代诗词中的句子描述的做学问的三种境界。

王国维先生说的第一种境界是"昨夜西风凋碧树，独上高楼，望尽天涯路"。研究工作做得很深入，以后同一个领域和课题的学者人数很少，有时似乎是独自在艰难地向上攀登，比较孤独，但是一定要耐得住寂寞，不断地向上攀登，站得高，这样视野才可以开阔，望尽天涯路。王国维先生说的第二种境界是"衣带渐宽终不悔，为伊消得人憔悴"。这个指的就是刻苦攻关的阶段，有时候好像是走通了，经过一番努力，又遇到障碍。在一段时期里，无论是白天或者晚上睡觉的时候，全部的注意力都投入到克服障碍上面了，这就是王国维先生说的第二种境界，可以说是食不甘味，寝不安枕，所以最后"衣带渐宽终不悔，为伊消得人憔悴"。第三种境界是"众里寻他千百度，蓦然回首，那人却在灯火阑珊处"。

第一种境界，对这个研究方向和课题详细地占有了材料，掌握了已有的学术思想、成果、工具和方法。在第二种境界里，又对面临的问题和困难反复地思考、钻研，用各种办法去克服。当然，当时似乎依然没有办法全面地逾越，彻底地走通，然而经过两大阶段的努力，已经做好了充分的准备。这个时候，我们不能气馁，要继续努力，坚持不懈。最后看来，有时候看起来是有点偶然的机会或者所谓灵感，就发现了原来思考这个问题的某些途径、方法、推理等，连贯起来就可以解决这个问题，获得圆满的结果。

关于完整研究工作的训练，在刻苦攻关这个环节以后，我想再提出来，还有一个重要环节，叫作扩大战果。在刻苦攻关取得了很有意义的成果以后，我们还要想方设法来扩大这个战果。20世纪70年代初，中国科学院可以做一点研究工作了，我和张广厚先认真地阅读了国际上20世纪60年代中期、后期和70年代初期本领域发表的重要论文，认真钻研、刻苦攻关，并且将它们和研究生时期所掌握的法国学派的理论和方法结合起来思考，将过去函数值分布论中的一个著名的定理的适用范围大大地扩展了，从比较狭窄的整函数扩展为具有一个亏值的亚纯函数，并发表了一篇高质量的论文。

如果这个时候我们就结束该课题的研究，可以说是比较自然的，不过就很可惜了。实际上，我们继续在这方面进行研究，克服了不少困难，采用新的方法，从不同的角度来加以思考，终于获得了创新性更强、价值更大的成果，并撰写和发表了这个方面的第二篇论文。第一篇论文有价值，水平还不错，然而成果不够突出，因为这个规律和结论是英国和法国科学家已经提出的，我们只是将其使用的范围扩大得比较多，而第二个成果更为突出，令专家学者耳目一新。我们在第二个成果里，把函数值分布论中的两个非常重要的东西——亏值和Borel方向，很好地结合起来了。

过去的学者知道亏值和Borel方向分别是函数模分布论和辐角分布论的基本和中心的观念，各自都有大量的研究工作，然而大家认为它们之间完全不同，两者之间没有任何联系，我们的成果揭示了它们之间存在着简单和密切的关联。论文发表以后，国际同行给予了高度评价，成为十分有特色的研究工作。

最后是撰写论文这个环节，我们应该同样地给予重视。有的同学也许会认为成果都做出来了，草稿写好了，再写论文不是很容易吗？其实不然，科学追求的是纯真、美丽、严谨、精炼。论文的撰写也要达到这个标准，研究对象和问题的引进是不是很清楚、很自然，以往工作的论述是不是很精炼、很适当，论文各部分怎样来加以组织、互相衔接，定理的推导如何更加严密，表达和叙述如何做到既容易读又十分完美，文献如何取舍和引用等，这些都是在撰写论文时值得注意而且应该多加斟酌的地方。如果论文有些部分要投到国际杂志上去，还需要用英语来撰写，除去文法、拼写不能有错误，还要符合英文写作的习惯。

下面谈谈关于培养优良学风。改革开放以来，我国经济持续高速发展，国力大大增强，人民的生活水平显著地提高，取得的成就举世瞩目，国家对科研、教育等事业的投入开始大幅度增加，促进了这些事业的发展和繁荣。然而，随着经济体制的转变，社会上也出现了急功近利、过分追求物质享受的倾向，产生了浮躁情绪，对人们的思想产生了一定的侵蚀作用，以往被人们看得十分纯洁的学术界和科研工作也受到了影响。

中国科协科技工作者道德与权益专门委员会在中国科协常委会的领导下，近年来做了大量的工作，将学术不端行为归结为下列几种主要的表现形式。比如，抄袭剽窃他人成果、伪造篡改实验数据、随意侵占他人科研成果、重复发表论文、学术论文质量降低和育人不负责任，学术评审和项目申报中突出个人利益，以及过分追求名利，助长浮躁之风。我们在座的博士生，不久将要走上工作岗位，成为我国各条战线上的骨干和领军人物，你们品德的高低，对是非的评判，是踏踏实实地刻苦工作，还是投机取巧、徇私舞弊，这将关系到整个社会的价值观念和走向，关系到全民的思想品德和信念，关系到社会发展、国家进步和人类文明。为此，提高思想觉悟和道德水准的一个重要方面，就是培养优良的科学道德和学风。

在这里，我对同学们提出几点希望。长期奋斗和努力，需要有强劲的动力。现在有许多同学受社会和环境的影响，缺乏广阔的视野，学习常常是为了将来能有一份好工作，而所谓好工作，就是报酬高、待遇好、生活舒适，工作不要太艰辛而已。也许有的同学说，我的志向比这个要高，我获得博士学位以后还要努力，要成为教授，要获得国家级的奖励等。

其实，科学研究的目的在于探索大自然的真与美，要掌握自然规律，并且推动社会的进步和发展，造福人类。我们要负有这方面的责任，要树立远大的理想，要有雄心壮志，要经过长期的努力，使自己成为道德高尚、学识渊博、创造力强的高水平的专家和人才，使自己的研究发明在国际上达到该领域前沿甚至于领先水平，学术上要有所贡献或者享有盛誉，或者运用自己的知识和本领，来解决我国国民经济和国家安全的重要问题，为国家和人民做出贡献。在科研工作中，我们要有对专业的浓厚兴趣，要有好奇心，这样才会不断地进行思考、钻研，提出各种各样的问题，并且试图找出解答的办法，才有可能形成一些想法，找出实现的途径。

有些同学可能认为兴趣是先天的，是与生俱来的。其实不然，兴趣是可以培养的。从无到有，从淡到浓，关键在于你多接触它，多下功夫，渐渐地你就会对它比较了解，比较熟悉，掌握得轻松自如，就逐渐有了自己的心得和体会，这样兴趣就会产生，并且逐渐增强。要做出有意义的工作和有价值的成果，必定会遇到许多的困难、挫折和障碍，否则这样的工作早就有前人完成了。

现在的同学大多是独生子女，物质条件比较好，从小在家里有点娇生惯养，缺少吃苦耐劳、克服困难方面的锻炼。在科研工作中，要注意克服遇到的各种各样的困难，要有毅力，重要的成果常常是坚持到最后才能获得的。成才是长期的过程，从大学本科、硕士、博士，到工作七八年，成为专业领域的高水平人才，总共需要十七八年的时间，认真做好博士论文，包括选题、研读文献、刻苦攻关、扩大战果、撰写论文，每一个环节都要认真做好，也需要在博士阶段一直十分努力。只有不断地勤奋耕耘，才能有很好的收获。

我衷心祝愿各位同学不断努力，成为各方面的高水平的专家和人才，为祖国、为学术、为人类做出宝贵的贡献。

吴孟超

一生为理想去奋斗

创新不是想当然，而是脚踏实地的探索，是日复一日的积累！

科学的道路上没有坦途，也没有捷径，所以一定不要幻想着走小道、抄近路，而是要诚实、踏实、扎实。

做人要知足，做事要知不足，做学问要不知足。

吴孟超　1922 年 8 月—2021 年 5 月，中共党员，中国科学院院士，原第二军医大学副校长。

医学家，中国肝脏外科的开拓者和主要创始人，被誉为"中国肝胆外科之父"。20 世纪 50 年代末，提出中国人肝脏解剖"五叶四段"论；20 世纪 60 年代初，首创常温下间歇肝门阻断切肝法，完成世界首例中肝叶切除手术；20 世纪 70 年代，创立无血切肝技术，建立完整肝脏海绵状血管瘤和肝癌二期手术技术；20 世纪 80 年代以来，带领团队在肝癌免疫治疗、生物信号转导、肝癌疫苗和肝转移等领域取得重大进展，并首先开展腹腔镜下肝切除、肝动脉结扎手术和微创外科手术，肝癌切除例数、切除率、生存率等指标均处于国际领先水平。

曾获国家最高科学技术奖，国家和军队科学技术进步奖一、二等奖，首届何梁何利基金奖，陈嘉庚医学科学奖等奖项；1996 年被中央军委授予"模范医学专家"荣誉称号；2011 年被评为"全国优秀共产党员"。

　　吴孟超院士先后于 2012 年和 2015 年科学道德和学风建设宣讲教育报告会上做报告。本文根据两次报告内容整理而成。

　　我叫吴孟超，今年 94 岁，和在座的大多数同学一样，是一个"90"后。见到你们后，我觉得自己又年轻了不少。非常高兴能够参加科学道德和学风建设宣讲教育报告会。我今天不是来给大家做报告的，而是来和大家谈一谈自己在工作生活中的一点体会和感受。特别是，针对现在学术界存在的诸如心态浮躁、急功近利、抄袭剽窃等不良现象，谈一点自己的看法，不一定成熟，也不一定正确。如果有不对的地方，还请大家批评指正。

　　到 2015 年，我已经从医 70 多年了。作为一名普通的外科医生，我在领导、老师和同事们的帮助下，做了一些分内的工作，却得到了祖国和人民的很多褒奖。其实，我这一辈子就一直在做与肝脏相关的工作，建立肝脏外科并与肝癌斗争。我的经历也很简单，就是在 3 个学校里转：先是在马来西亚的光华学校读完了小学和初中；之后，在同济大学的附属中学和医学院学习医学；1949 年，从医学院毕业之后，就一直在第二军医大学工作。

　　回顾自己的经历，我最大的感受是：做人要诚实，做事情要踏实，做学问要扎实。而且一定要有自己的奋斗目标和人生理想，并且不断为之努力奋斗。可以告诉同学们，我的目标和理想是：早一天摘掉戴在中国人头上的"肝癌大国"的帽子，让人民健健康康地生活！为了实现这个目标和理想，我已经干了半个多世纪。由于中国还没有彻底解决肝炎和肝癌问题，所以尽管我已经94岁了，还是要继续干下去！

一、要热爱祖国和人民

2015年9月3日，我应邀参加了纪念中国人民抗日战争暨世界反法西斯战争胜利70周年的阅兵仪式。在天安门城楼上，我看着一个个整齐的方队迈着有力的步伐雄壮地走过，看着一样样先进的武器展示着我们的"肌肉"和"力量"。心里的那种激动、骄傲、自豪、自信，是难以用语言形容的。其实那天早上，我们5点多一点就集合去了天安门，参加完纪念活动回到酒店已经是下午1点多了。那么长的时间，我一点也不觉得累，也不觉得饿，而是觉得自己和我们伟大的祖国一样，浑身上下都是劲。

3天之后，我们的女排姑娘在第12届女排世界杯上，以3：1力将日本队斩落马下，获得冠军，时隔12年后重新站上世界之巅！

我出生在福建省闽清县的一个小山村，由于营养不良，3

岁时才会走路，5岁时跟着母亲去马来西亚投奔在那里割橡胶打工的父亲。从上学开始，我就跟着父亲割橡胶。这既培养了我吃苦耐劳的性格，又锻炼了双手的灵活性。1937年，抗日战争爆发时，我正在读初中。那时，我们这些漂泊在外的华人经常受外国人的欺负，所以心里特别希望祖国强大起来。如果祖国强大了，外国人就不敢欺负我们，日本也不会随意地侵犯我们！初中快毕业的时候，我们全班同学将本来用于会餐的钱通过陈嘉庚先生组织的华侨抗日救国会，寄给了八路军。后来，我们竟然收到了八路军总部寄给我们的感谢信，让我们很受震动。后来，我向父母提出要回国加入抗日队伍。就这样，1940年春天，我和其他6位同学相约一起回国。

回国途中遇到的另一件事，更加坚定了我报效祖国的决心。当我们在越南西贡登岸时，验关的法国人要我们在护照上按手印，而欧美旅客只要签字就行了。我就跟那个验关的人说，我们也可以用英文签字，但那个可恶的法国人对我吼道："你们是黄种人，东亚病夫，不能签字！"我们当时气得要命，但是没办法，只能屈辱地按了手印。直到现在，那次经历都是我最刻骨铭心的耻辱！我当时就想，我们的国家一定要强大起来，我再也不要受外国人的歧视和欺负！

一个月后，我们才到了云南。到了那之后，我们才发现，那时的形势根本不允许我们去延安！参加抗日战争的想法根本无法实现。我和同学们就合计着，继续念书吧！就这样，我进入了因战乱迁到云南的同济大学附属中学学习。后来，我考入同济大学医学院，走上了医学道路。

1956年，我听一位老一辈的医生讲，日本的一个医学访问团专家傲慢地说："中国的肝脏外科要想赶上国际水平，至少要30年的时间！"听了这话，我心里就非常的不舒服，并下定决心要证明，中国能站在世界肝脏外科的最前列！要用实际行动为国争光，为中国的医学争光！

于是，1958年，第二军医大学成立了以我为组长的"肝脏外科3人研究小组"。我们制作了中国第一具肝脏血管铸型标本，创立了肝脏五叶四段的解剖学理论。1960年，我主刀完成了中国第一台肝癌切除手术。1963年，我成功完成了国内首例中肝叶切除手术，使中国迈进了世界肝脏外科的前列。1975年，我切除了重达18千克的巨大肝海绵状血管瘤，至今还保持着世界纪录。1979年，我作为4位中国代表之一参加了在美国召开的世界外科大会，做了切除181例肝脏肿瘤的报告，引起了极大的轰动，我也被增补为国际外科学会会员。1984年，我为一名仅4个月大的女婴切除了肝母细胞瘤，创下了这类手术患者年龄最小的世界纪录。21世纪以来，我们团队的肝癌介入治疗、生物治疗、免疫治疗、病毒治疗、放射治疗、基因治疗等方法相继投入临床，并接连取得重大突破，显著提高了肝癌的疗效！

我现在身体很好，每天正常上下班，一周一次门诊，五六台手术。医院管理上的很多事情也要做，现在更忙，因为我们还要建一个科学研究院，平时还要去各地出差开会。

作为一名医生，祖国和人民给了我很多荣誉。很多人说，我现在可以休息休息、享享福了，但是我闲不下来。我总觉得，作为一名党、国家和军队培养起来的医生，我还没有研究透肝病的发病规律、还没有找到治疗肝癌的最有效办法，只有倾尽毕生之力，才能不负党和人民的重托，才能对得起我深深爱着的国家和军队！

患者是医生的衣食父母，要把患者当亲人看，要尽量替患者着想。这是我从医 70 多年恪守的医道。我手术时，用的药都是既管用又便宜的，平时也要求大家尽量为患者省钱。我们给手术患者用的引流管、栓道管，也是我们自己在 20 世纪 60 年代发明的。它的引流效果很好，还可以避免感染，所以我们医院一直用到现在。每一根管子都是在手术台上做的，只要 1 块钱，而市场上卖的一根引流管的价格在 30 块钱以上。

作为医生，还要为了救治患者敢于承担风险。

2004 年，湖北女孩甜甜被诊断出中肝叶长了一个足球大小的肿瘤。其他医院的医生说，这个肿瘤无法切除，只能做肝移植，需要 30 万元。甜甜的母亲下岗多年，父亲是一名普通职工。30 万元对他们来说是个天文数字，一家人只能以泪洗面。后来，在别人指点下，甜甜和父母带着一丝希望来到我们医院。在召集全院专家多次会诊后，我和同事们用了 8 个小时，成功为她切除了 4 千克重的肿瘤。现在，甜甜已经结婚生子。2013 年，她还带着刚出生的儿子专门到上海看我。

1975 年，安徽农民陆本海找我治病。他的肚子看上去比怀胎十月的妇女还要大。经检查发现，这是由一个罕见的特大肝脏海绵状血管瘤引起的，肿瘤的直径达68厘米！当打开腹部后，肿瘤之大让所有在场的人都毛骨悚然。12个小时之后，当我把那个巨大瘤体完全切除时，已经没有力气把它抱出来了。经过称量，重量竟达18千克！

2012年11月15号，我还做了一台手术。一个新疆的13岁女孩，肚子鼓得像充满气的皮球一样。她在很多地方做过检查，大家都觉得手术风险很大，不敢给她做。我给她做完B超后，也知道手术风险很大。但是如果不给她开刀，那么大的瘤子发展下去肯定会要了她的命。手术前，我们给她做了详细检查，组织了两次会诊，做了充分的准备。手术那天，从早上8:30到下午2点多，我用了将近6个小时，把瘤子切了下来，称了称正好5.1千克。

2015年9月初，我院来了一位刚满1岁的小朋友。他是从西北来的，之前已经在好多家医院诊断过了，但由于其年龄小、肿瘤大，外面的医院都不敢给他开刀。后来，他们还是经别人介绍才来到我们这里试一试的。经检查发现，小朋友的右肝长了一个12厘米×13厘米的肿瘤。我看了以后觉得开刀有风险，但不开刀小朋友肯定要没命。经过全科的讨论，我们还是决定为他进行手术治疗。2015年9月11日，在大家的共同努力下，顺利地切除了肿瘤。说实话，手术前心理压力很大，手术下来后身体很累，但是更多的还是高兴，因为我又救了一个人的命！

二、既要会创新，又要讲诚信

创新是一个民族进步的灵魂，是一个国家兴旺发达的不竭动力。医学科学更是如此，只有敢于创新、善于创新，才能推动医学科学的不断进步和医学事业的不断发展。

2005 年，我获得了国家最高科学技术奖。那一年，诺贝尔生理学或医学奖颁发给了澳大利亚科学家巴里·马歇尔和罗宾·沃伦，以表彰他们发现了导致胃炎和胃溃疡的细菌——幽门螺杆菌。1979 年，沃伦在一份胃黏膜活体标本中，意外地发现无数细菌紧黏着胃上皮组织。接下来，沃伦又在其他活体标本中找到了这种细菌。由于这种细菌总是出现在慢性胃炎标本中，所以沃伦意识到，这种细菌和慢性胃炎等疾病可能有密切的关系。然而，这项发现并不符合当时"正统"的医学理念。当时的医学界认为，健康的胃是无菌的，因为胃酸会将吞入的细菌迅速杀灭。1981 年，马歇尔为沃伦提供了一些胃黏膜活体样本，并进行了相关试验。后来的试验结果证明，沃伦的观点是正确的。

如果当初沃伦不敢怀疑教科书的结论、不敢挑战权威，也许，人们直到今天仍然无法找到治疗慢性胃炎的方法，伟大的诺贝尔奖也不会落到他的头上。

1958 年，我们"3 人研究小组"开始向肝胆外科进军。

怎么做呢？一是要了解肝脏结构，二是要解决肝脏手术出血问题。结构搞不清楚，一切都无从谈起；结构搞清楚了，出血问题就解决了。于是，我们就决定先攻克肝脏结构这一难关。

肝脏是人体新陈代谢的重要器官，我们吃下去的食物都要经过肝脏解毒、改造，然后为全身提供养分。肝脏不同于其他脏器，其他脏器一般都只有一个动脉进去，一个静脉出去。而它有4种管道（动脉、门静脉、肝静脉和胆管），所以血管非常丰富，手术过程中容易出血。如果能够把肝脏血管定型，在4种不同的管道里灌注不同的颜色，血管的走向就一目了然了。

要完成这项工作，就要做成血管定型标本。做血管定型标本也不是那么容易，别人没有做过，但是我们就成功了。我们在实验室一做就是4个多月，接连试用了20多种材料，做了几百次试验，无一成功。有一天，广播里传来了容国团在第25届世界乒乓球锦标赛上夺得冠军的消息。我们突然想到，乒乓球也是一种塑料，能不能用它作灌注材料呢？于是，我们就赶紧去买来乒乓球，把它剪碎用硝酸溶解，然后把溶解液体打入肝脏的管道，等液体凝固后，再把肝组织用硫酸消化掉，出来就是这种骨架子，就是这个管道。这样一来，就成功了！此后，我和同事们一鼓作气制成了108个肝脏腐蚀标本和60个肝脏固定标本，找到了打开肝脏外科大门的钥匙！解剖搞清楚了，血管就搞清楚了，里面走向也搞清楚了，这样一来，就有做这个手术的可能性。

我发明的"常温下间歇性肝门阻断切肝法",既控制了术中出血,又可以让患者少受罪,还使手术的成功率提高到了90%!这个方法到现在都在用。

1963年,我们准备"进军"中肝叶。中肝叶被称为肝脏外科"禁区中的禁区",做中肝叶手术除了需要一定的勇气,更需要严谨求实的科学态度。手术之前,我在动物房里对30多只实验犬进行实验观察,直到确认已经达到保险系数,才决定在患者身上手术。于是,我完成了中国第一台中肝叶切除手术,也正是这台手术,让中国迈进了世界肝脏外科的先进行列!

创新需要有敢于怀疑、勇闯禁区的精神和胆识,更离不开科学的态度和严谨诚信的学风。创新不是想当然,而是脚踏实地的探索,是日复一日的积累!

孔子曾说:"人而无信,不知其可也。"孔子将诚信作为立身处世的必备品质。诚信早已成为立身之道、齐家之方、治国之本。诚信是一种处事的态度,更是一种道德的标示,对社会和个人都至关重要。

近年来,随着中国改革开放的深入,一方面经济得到了快速发展,科技水平和创新能力也大幅度地提升,科研成果层出不穷。但另一方面,社会上的各种不良风气也逐渐渗透到学术界,各种各样的学术腐败、剽窃造假事件接二连三地发生。这不仅引起全社会的反感,也引发了国外权威杂志对我国学术界的质疑。特别是,这两年发生的两起退稿事件,给中国的国际形象、科技界、医学界带来的危害是难以估量的。虽然这样的事只发生在极少数人身上，但影响的是全国人民和医学界。

学术不端行为既影响了创新能力的提升，又败坏了严谨求实的学风，浪费大量的科研经费和资源，结果就是学术造假和追名逐利风气的扩散、蔓延，导致社会道德沦丧，创新能力下降。因此，这要引起全社会，尤其是年轻人的重视，一定要老老实实做人，严谨诚信做事。

同学们，你们都是新入学的研究生，你们将来是要做学问的，都是有发展潜力和光明前途的，你们将来会成为社会和时代的精英。你们要记住，科学的道路上没有坦途，也没有捷径，所以一定不要幻想着走小道、抄近路，而是要诚实、踏实、扎实。

在这方面，我对学生要求特别严格。在审阅论文时，我对他们的数据和病例都会进行核实。如果发现有造假，除了狠狠地批评他们，还要让他们"从头再来"，甚至连语言的表述方式和标点符号都不放过。

关于论文署名的问题，我没有参与的文章一概不署名，没有劳动就不能享受人家的劳动成果，那种不劳而获的事我不干。有时候，他们会说，挂上我的名字好发表。我说，那更不行，发表论文不是看面子的事，得靠真才实学。你文章写得好、写得实，人家自然会为你发表，打着我的旗号那是害人害己。还有，我最讨厌那种写文章时东抄西抄的人，说好听点是抄，说难听点就是偷！我们医院就曾经有位年轻医生，发表的论文是抄袭别人的。发现了以后，我坚决把他除名了。

我还想跟同学们谈一谈恒心的问题。刚才我说了，我这一辈子就只做了与肝脏相关的工作，从 1958 年到 2015 年总共干了 57 年，但我还没有把肝脏完全弄清楚，还要继续干下去。其实，其中的失败、挫折和磨难，不是一句话两句话就能说得完的。我也苦恼过、犹豫过、彷徨过，但我没有退缩，坚持了下来。很多老一辈科学家一生也都只干了一件事，而干好、干成一件事，要付出的努力和汗水也是不言而喻的。所以我也希望同学们做事、做学问时，也要有恒心，要吃得了苦、受得了罪、耐得了寂寞，要干一行爱一行，钻一行精一行，这样才能有所收获、有所成就。

三、要下功夫培养年轻人

截至 2015 年，我做了 1 万多台大大小小的手术，可以说所有的肝脏手术都做过。但是我常想：一台手术只能挽救一个患者的生命，对于我们这个肝癌大国来说，这不能从根本上解决问题。1996 年，我把自己的积蓄、稿费和奖金，加上社会各界的捐赠共 500 万元拿出来，设立了"吴孟超肝胆外科医学基金"。2006 年，我又把获得国家最高科学技术奖的

500万元和中国人民解放军总后勤部奖励的100万元，全部用到了人才培养和基础研究上。有人问我："为什么自己不留一点？"我说："我现在的工资加上国家补贴、医院补助，足可以保证我三餐温饱、衣食无忧了。"可能这就是我的老师裘法祖教授常教诲我的：做人要知足，做事要知不足，做学问要不知足。

可以很幸福地说，我这一辈子遇到了很多正直无私有本事的师长，也培养了很多中国肝胆外科的优秀医生，仅博士硕士研究生就有一两百人。现在，我很幸福地看到，他们中的大多数已经成为中国肝胆外科的中坚力量。他们将要超越我们这一代，成为比我们更优秀的人民医生。

当然，就像当初裘法祖教授对我的要求很严格一样，我对学生的要求也很严格。我规定他们必须有过硬的基本功，做到"三会"：会做，判断准确，下刀果断，手术成功率高，做事情也是一样，做一件成功一件；会讲，博览群书，能够阐述理论，否则的话，你就是在吹牛；会写，善于总结经验，著书立说。查房时，我经常逐字逐句地查看病历和医嘱记录单，对出现错误的既严肃批评，又指导帮助。我们当医生的，所做的一切都关系到患者的生命和健康，一点也马虎不得。这么多年来，我培养了几百名学生，不少人成名成家了，或者成为一个单位的骨干力量。可以问心无愧地说，我把自己掌握的知识和技术毫无保留地传授给了他们！

王红阳院士是我学生中的优秀代表。1987年秋天，在中德医学会学术年会上，我发现她头脑冷静、勤奋好学。不久，我推荐她赴德国留学。其间，我们不仅保持着联系，每次到欧洲访问，我都会抽时间去看她，了解她的科研情况。我对她说："你要回来，医院给你一层楼面，为你建最好的实验室。"1997年，王红阳学成归国，面对中国科学院上海分院等单位的竞相邀请，她毅然将中德合作生物信号转导研究中心落户我院。她在肝癌等疾病的信号转导研究上取得了很多突破性的进展，获得过国家自然科学奖二等奖等重大奖项，发表有影响力的论文60余篇，2005年当选为中国工程院院士，2010年又当选为发展中国家科学院院士，2012年获得国家首届创新团队奖。

第二军医大学分子研究所所长郭亚军教授是我的第一个博士研究生。他在美国读书时，取得了突出的成绩，我也多次去看望他。他回国后，我很希望他能帮助我研究肝癌的防治，但得知学校要成立分子研究所时，我果断地向学校推荐了他。现在，郭教授也已经是知名的青年科学家。

这些年，祖国和人民给了我很多荣誉，但这些荣誉，不是我吴孟超一个人的。它们属于教育和培养我的各级党组织，属于教导我做人行医的老师们，属于与我并肩战斗的战友们！回想我走过的路，我非常庆幸自己当年的4个选择：选择回国，我的理想有了深厚的土壤；选择从医，我的追求有了奋斗的平台；选择跟党走，我的人生有了崇高的信仰；选择参军，我的成长有了一所伟大的学校。所以我发自肺腑地

感激党、热爱党，发自肺腑地感激军队、热爱军队！

岁月不饶人，我已经 94 岁了，可是身体还好，觉得还能为国家、为军队、为人民做点事，我还想在有生之年再做一些有意义的事情！例如，目前我国的肝癌治疗主要靠手术，基础研究、药物研究、生物治疗研究等还有许多难关迫切需要攻克。只要肝癌这个人类健康的大敌存在一天，我就要和我的同事们与它斗争一天。为人民群众的健康服务，是我入党和从医时作出的承诺。我将用一生履行这个承诺，为自己的理想去奋斗！

郑哲敏

学知识、练本领、做诚实人

　　科学道德和诚信问题确实是一个十分重要而且切中时弊的问题。把这些严肃的问题郑重地、及时地提出来，引起初入学研究生们的注意和警惕，确有必要。

郑哲敏　1924 年 10 月—2021 年 8 月，中共党员。中
国科学院力学研究所学术委员会名誉主任，
中国科学院院士、中国工程院院士、美国
国家工程科学院外籍院士。

国际著名力学家，我国爆炸力学的奠基人和开拓者，中
国力学学科建设与发展的组织者和领导者。长期主持力学学
科发展规划的制定，倡导建立了多个新的力学分支学科，做
出了重要的学术贡献。

曾获 2012 年度国家最高科学技术奖、何梁何利基金科学
与技术进步奖、陈嘉庚技术科学奖、国家自然科学奖二等奖
等奖项。

　　成为研究生是人生道路上一个重要的节点，你们将面临新的挑战、新的机遇、新的人生道路，当然也会承担更大的责任。

　　科学道德和诚信问题确实是一个十分重要而且切中时弊的问题。把这些严肃的问题郑重地、及时地提出来，引起初入学研究生们的注意和警惕，确有必要。因此我在此结合自己的经历谈一谈体会。

一、我的经历

　　我出生于 1924 年，那是一个民族和国家遭到耻辱、外敌入侵、内战频繁、经济凋零、人民生活在苦难中的时代。我经历了发生在山东济南的五三惨案，趴在床底下躲避日军的炮火和在街上被日军哨兵拿着上了刺刀的枪追逐的经历，使 4 岁的我过早品尝到国家落后、受人欺凌的滋味。鸦片战争、马关条约、"二十一条"、北伐战争、五四运动、九一八事变、一·二八事变……一桩桩、一件件都在塑造着我们的灵魂。我曾说，我们这一代是唱着"打倒列强，除军阀"，唱着救亡歌曲长大的。富国强民一直是我们这个时代的主旋律。那个时候，只要听到有人在唱"我的家在东北松花江上……"，我们就会落泪。我们感受到自己肩负的责任。这种责任就是从小在我们身上种下的家国情怀，这是流淌在我们血液里的东西，是躲也躲不开的，否则会受到本人良心的谴责。你们都是"90后"，是我们国家改革开放后出生长大的。你们的成长环境和我们那个时代迥然不同，但面临的却是比我们更严峻的挑战！因此你们身上也肩负着更大的责任。

1946年国立西南联合大学解散，我被分配到清华大学。1947年我从清华大学机械系毕业。受钱伟长先生的影响，我选择应用力学作为专业方向。1948年在国际扶轮社奖学金的支持下，我留学美国加州理工学院，并先后于1949年获硕士学位，1952年获博士学位，主修应用力学，副修应用数学，博士生导师是钱学森先生。毕业后因美国移民局的阻挠，我被扣留至1954年秋。1955年春我回到国内，被分配到中国科学院数学研究所，又加入了力学研究室，后转入新成立的中国科学院力学研究所（以下简称"力学所"）从事研究工作至今。

力学所以钱学森为主，同郭永怀、钱伟长共同制订的建所思想，继承了20世纪初在德国哥廷根大学形成的哥廷根应用力学学派的精神。1948年，钱学森将这个学派的思想和实践系统化，提出了技术科学，并且把它的领域扩展到应用力学之外。概括地说，技术科学的任务是研究那些对开辟或推动新的工程技术领域可能发挥重要作用的基本科学问题。他在论述中将航空航天和核工业作为基于科学的新型产业的典型例子来讨论。

在力学所工作的几十年，我先后作为组长、研究室主任和研究所所长所从事的一些科研和管理工作中，一直遵循着这个方向。它既是我的任务，也是我的兴趣所在。这些年来，我在科研工作中取得了一些成绩，在学科理论上有些创新，这些使我能帮助有关方面解决一些实际面临的问题。为此我和我的同事们多次得到奖励。2012 年我又因爆炸力学方面的研究被授予了国家最高科学技术奖。这个奖的分量很重，我一方面感到十分光荣，另一方面又深恐名实不副。

在人的一生中，或老师、或同事、或其他人的片言只语都可能会影响人的一生。譬如我的老师钱学森先生说过，做任何一件事，都要把它放在一个更大的背景中来看。这句看来很平常的话，却对我起了很重要的作用。一方面这句话帮助我清醒评价自己的工作，不要被一点点成绩冲昏头脑，另一方面也帮助我不断地从更大的视野中探寻新的研究方向和课题。

我的老师还说过，当你决定从事某项研究前，要做好调查研究，更重要的是先要下个决心，一定要比别人做得更好，要超过他，否则不如不做；一定要做"出汗"的工作，不要做那些"华而不实"的工作；只要国家需要，就要努力去完成。这些话对我的一生起到很大作用。

　　从事任何重大项目的研究，或大或小必然会有个人的牺牲，也必然有风险。钱学森先生在纪念郭永怀烈士牺牲二十周年的纪念大会上说："一方面是精深的理论，一方面是火热的斗争，是冷与热的结合，是理论与实践的结合，这里没有胆小鬼的藏身处，也没有自私者的藏身地，这里需要的是真才实学和献身精神。"

　　我想大家在研究生阶段会遇到各式各样的困难，但千万不要在困难之前退缩。一定要坚持，你付出了一定的代价，你会有一定的收获。

二、困难使人进步

　　不论生活或工作，一生都必须克服一些难关。在这里我介绍两个对我一生有影响的关。

挫折锻炼了我的自学能力

　　1937 年 7 月初，祖父母相继去世，我随父母赶回老家宁波奔丧。日本全面侵略我国的战争爆发，我留在农村老家半年，整天玩耍荒废了学业。1938 年年初我奉父亲之召，到成都插班，出现了功课跟不上的问题。父亲发现我夜间睡觉不安，时常在梦中哭，不久我就整天闹头痛了，于是让我休学半年。没想到这半年对我的成长起到了十分关键的作用。第一，除看病、散步、晨练、旅游之外，父亲让我读《曾国藩家训》，这为我如何做人、如何生活立下了自我遵循的规矩，使我终身受用。第二，我学会了自学。这首先是从学习英语开始的。虽然没有老师，但我知道怎样查阅英语字典，知道音标的使用方法和发音的基本规则，所以通过阅读、记生字、大声朗读等方式，我的英语能力有很大长进，以至再次回到学校后，我的英语水平远远超过其他同学。有段时间，我起劲地把小时学到的寓言写成英语短文，一份份贴在课堂里，不过读者寥寥，也无人响应。一次逛旧书摊时，我发现一本原版的欧几里得平面几何教材，并把它买了回来，一边学英语一边学几何。这对我的帮助极大，平面几何的严格逻辑，它的公理、公设、定理、证明体系对我的震撼很大，令我开始体验到数学之美。不久，我的自学又延伸到初等物理。读到惯性体系和相对运动时，我琢磨着在航行中的一艘大船上打篮球将是怎样的一种感觉？我还想过如果有个微型飞机从天平的一端飞过，天平将会如何反应？我非常珍惜这一段自学的经历，它使我增强了学习的能力和信心，也引导我顺利走上学习理工的道路。

▪ 原来我是"大舌头" ▪

初中毕业后，我转学到位于当时金堂县郊区的铭贤中学高中部。一次英语课上，外籍老师在黑板上并排写了"sing""thing"两个单词，把我叫起来反复地朗读，然后直

摇头。对此我感到十分意外，明明是对的，为什么不对了呢？想来想去觉得问题也许出在"s"上，于是我试探着把舌尖放在不同的位置，仔细地听所发出的声音。经过反反复复地试验，终于找到了合适的位置。原来我过去是把舌尖顶在牙齿的侧面而且漏风，使得我的"s"很像"thing"。这使我大吃一惊，原来我是"大舌头"，长到十五六岁却居然没人向我指出这点。这个问题可大了，所以我下定决心纠正。我虽然找到了原因，但是把每一个早已形成固定读法的大量含"s"的中文字、英文字和日常讲话，一个一个地重新学习直至形成新的习惯读法，确实很费劲，为此我利用所有课余时间，包括走路的时间进行练习。功夫不负有心人，用了大约半年多的时间，我解决了我的"大舌头"问题，不过付出的代价不小。当时如果有人注意到我走路时口中不断念念有词的样子，一定会认为此人发疯了。回过头来再看，我认为这场经历不仅锻炼了我的意志，体会到了凡事必须坚持才能做到最好，还锻炼了我正确使用发音器官的能力，对掌握外语发音有很大的帮助。

三、几点建议

第一，我想你们现在一定正处于非常兴奋的状态，而且摩拳擦掌准备大干一场以实现你们各自的梦想。你们将有三至五年或六年的时间度过你们的研究生生涯。在这段时间里，我希望你们能够集中精力学习知识、增长本领，成为我国在科学和技术领域里新一代的接班人。我们国家需要应用型人才、创新型人才、第一流的科学研究队伍和机构。所以，除了你们各自的梦想，你们还肩负着一个更大的梦想，一份几代中国科学家为之努力而尚待完成的任务。这是你们身上不可推卸的历史责任。我们还需要一批科学家，一批胸怀宽广、有战略眼光、有领导能力的领军人物。这些人也会在你们中间产生。因此我真诚希望你们在研究生期间，要努力学知识、学本领、学做人。

第二，我希望大家努力发现和培养自己的兴趣。不论从事哪类科学研究，兴趣都是基本的动力，它使人充满热情地投入工作，以至达到废寝忘食的地步。只有这样才有可能出一流的成果。爱因斯坦曾以情人热恋来形容这种精神状态。

此外，探索真理是不能预设框架的。有一句话叫作"解放思想、破除迷信"。这里面包含了科学研究要有自主性、要有自己的想法，不能盲从的思想。我相信大家在学习过程中对这些道理会有更深刻的体会。

第三，科学道德规范有许多版本，有的还非常具体细致，不过基本的精神是相同的，认真研读是很有必要的。科学道德规范是科学共同体所普遍遵守的，目的是保证科学事业的健康发展。其实它和我们日常生活中的诚实、诚信、尊重他人、己所不欲勿施于人等原则是相通的。一个诚实的人是不

会伪造数据或认可未经检验的数据并拿去发表的，也不会编造虚假理论去骗人的。所以，我希望大家无论在什么情况下，都要像保护命根子那样去保证诚实。科学研究就是在求真，没有诚实，你就谈不上求真。

第四，我们现在处于信息社会，有许许多多的途径进行学术交流。可是我认为，最重要的是面对面的交流，这是其他交流方式所不能替代的。在面对面的交流中，对方的一举一动、某个表情、某几句话，往往会意想不到地启发你一连串的联想；或触发你，使你豁然明朗，找到解决某个研究中的问题的途径；或引起你对某个问题的高度兴趣。在这个过程中你会感到人脑像高速运转的机器一样，一件一件地去形成你的想法。你心中能感觉到有一种声音在那儿，这种感觉非常美妙，这是种真正的忘我。所以我希望大家注意，各种交流之外要重视人与人之间面对面的交流。在国际会议上，我经常发现，我国参加会议的许多学者往往有扎堆的现象，他们的活动仅限于在会场上宣读自己的报告。有些人不大愿意积极地交流，原因可能是多方面的。我觉得这是一种损失。除了上面说过的好处，人与人面对面的交流还有一个好处，那就是信息的交流。它来得比较快也比较早，事情比较新鲜，比你在杂志上看东西来得快。你可以很快地发现大家现在有兴趣、最重要、最关键的东西是哪一些。

杜祥琬

恪守底线　追求卓越
——与青年朋友谈心

任何时代、任何国家都会有不同的人选择不同的价值观。一个有希望的国家和民族，必定会有一批又一批的年轻人，来选择崇高的价值观。

有幸为祖国的富强和老百姓扬眉吐气，做一点实际的工作，这是最大的精神享受，是任何物质享受难以比拟的。

杜祥琬 1938年4月出生，中共党员。中国工程物理研究院高级科学顾问，中国工程院原副院长，中国工程院院士，俄罗斯国家工程院外籍院士。

应用核物理、强激光技术和能源战略专家。主持我国核试验诊断理论和核武器中子学的精确化研究，为我国核试验的成功和核武器发展做出了重要贡献；曾任国家863计划激光专家组首席科学家，是我国新型强激光研究的开创者之一，推动我国新型高能激光技术跨入世界先进行列。现任国家能源专家咨询委员会副主任，国家"无废城市"建设试点专家委员会主任，国家气候变化专家委员会顾问。

曾获国家科技进步奖特等奖、国家科技进步奖一等奖、何梁何利基金科学与技术进步奖等奖项。

大家刚刚迈出人生的脚步，今后的几十年，你会走得怎么样？国家会有怎样的发展？世界会有怎样的未来？这些都是同学们非常关心的问题。希望大家在这样的思考当中，做出正确的人生选择。

为此我说两点供大家参考。第一是恪守底线，第二是追求卓越。我想人生的选择可以是各种各样的，一个人可以选择投机取巧，也可以选择脚踏实地做事、做学问；可以选择只为自己，也可以选择以民族振兴、人类进步为己任。而求学阶段的选择至关重要，它会影响你的一生。

一、恪守底线——"何用浮名绊此身"

首先，要清楚为什么读大学？为什么读研究生？难道我们只是为了将来谋取一个职业吗？我想应该是为了获取科学的真理、人生的真谛，为了丰满自己的人文素质，提升自己的精神境界。

实际上国内外都有这样的认识。譬如在哈佛大学的校门上，就刻有这样一句话，进校门为了增长智慧，离开学校为了更好地回报祖国和社会。耶鲁大学的一位校友留下了这样一句话，我唯一的遗憾就是我只有一次生命献给我的祖国。青年周恩来也说过这样一句话，为中华之崛起而读书。这些都是他们在青年时代种下的人生观。

有一个小故事使我终生难忘。当时我在莫斯科工程物理学院学习，1964 年毕业的前夕，有一天吃午饭，我跟一个苏联的同班同学聊天。他说："杜，你在这儿学原子核物理，回中国有什么事情可干？"语气里面有非常明显的疑问，那就是中国那么落后，核物理能派上什么用场！很巧的是，几天以后，苏联的广播电台播了一个消息：祝贺中国成功进行了原子弹试验。隔天上午，我正要进教室进行毕业论文答辩，还是那位苏联同学，他大老远地就在走廊里发现了我，兴冲冲地跑过来对我说："杜，祝贺你，你回国有事干了。"

我当时是二十几岁的年轻学生，这件事使我的内心被强烈地震撼到了，原来祖国的一个进步，会在海外有如此强烈的反响。所以几十年以来，我的道路可以说一直是被选择的，从突破氢弹到"863"计划做强激光，这使我和国家试验场结下了不解之缘，和一个国家队共同奋斗。这其中艰苦、曲折、焦虑都不在话下，那么要问我们主要享受什么？我可以毫不犹豫地说，大家主要享受的是一个成就感。有诗为证，我曾经写过几句给战友共勉，"草原、山沟、戈壁，留下坚实足迹，中华富强史册写入浓重一笔"。

现在我们的团队都是年轻人在负责了。有一天我在听一个青年朋友做汇报，忽然发现他头发白了，于是我就写了这么一段话，"人生脚步坚实走，众友齐心同奋斗，艰难磨砺开新路，并非闲白少年头。少年头，后生可赞，再织锦绣"。这些都是讲的做人做事，先要做人。当然，做人既要学习成功者的经验，也要接受失败者的教训。要恪守底线，不踩红线，不做违背科学道德的不端行为。这一点就是有些人给我们留下的教训。

中国科学技术协会曾做过科技工作者的状况调查，调查表明超过六成的科技工作者认为科研道德水平下降，超过五成的研究生认为，青年科技工作者是违背科学道德和诚信的最严重的群体。那么这些问题的存在和蔓延，显然严重威胁到我们创新型国家的建设。一个快速发展的中国，客观上对人才和创新成果有很强的需求，但同时我们处在社会转型的阶段，存在信仰缺失、诚信缺失等问题。这样一些大环境的问题，在教育界、科技界也有深刻而普遍的反映。我们必须共同努力，下大力气构建一个以教育为根基，以自律为核心，制度、监督、法治、文化相结合的科学道德诚信体系。

我们搞科学研究，不仅需要仪器、设备、经费，还需要有灵魂支撑。这个灵魂就是科学精神、科学道德和良好的学风。教育的作用显然是重要的，它不只是一门课、一本教材。要从根本上办好中国的教育事业。学校要远离浮躁的功利主义，回归育人治学的本色，回归宁静和踏实。学校不仅应该是获取知识的平台，更应该是提升思想境界，培养人文精神的摇篮，是崇高真理的圣殿。当然，为此需要做出的努力是非常巨大而深刻的。

科学的价值和使命在于追求真理、造福人类，这也正是科学精神的真谛。由此就派生出来了科学的理性精神和科学的实证精神，而这两种精神又派生出了一系列的行为准则，譬如不许造假、不能剽窃等。这些都是非常简单的道理。实际上，不踩这样的红线，就好比不要撒谎，不要当小偷……剽窃就是科学小偷，这个道理是不言自明的。

但是我想提醒同学们一点，我们往往有时候并不是故意地要踩红线，而是由于不小心或者有一点急功近利就出了毛病。大家都要写论文，这里面有三件事情，我想提醒大家要特别注意。

第一点是引用他文。写一篇论文，需要先进行调研，要引用别人在这个方向上已经做出的成果。凡是别人已经做了的事情，一定要老老实实地引用。是哪一篇文章，就把其写在参考文献里面。如果有人不做这样的明确的引用，就会带给人一种模模糊糊的感觉，就有剽窃的嫌疑。

第二点是论文署名。有人论文出了问题，被问起一个署名的作者，他说我不知道，这个论文发表的时候没有告诉我署名。那这件事情就说不清楚了。因此这个论文一定要按照实际贡献来署名，贡献最大的排第一，不能不清不白地去搭车署名。

第三点是尊重数据。不管是理论计算的数据，还是试验结果的数据，不能因为想取出一条比较漂亮的曲线就修改数据。这些事情，有时候看起来就是严不严谨的问题，但实际上这是一个学风问题，弄得不好就会掉到"深渊"里，成为诚信问题、道德问题。从是否严谨（学风）到是否诚信（道德）只有一步之遥！这一点同学们要十分小心。

我刚参加工作的时候，在科研楼的走廊里有这样两条标语，一条是"三老"，即当老实人、说老实话、办老实事；另外一条就"四严"，即严格的要求、严密的组织、严肃的态度、严明的纪律。这两条标语至今给我印象仍然非常深刻。科学态度也就派生出来这样几个基本的要求。首先是诚实、正直，诚信是底线，要虚怀若谷。因为未知多于已知，客观真实就是要避免主观和偏见。然后要懂得感恩，懂得尊重与合作，还要有担当责任。责任，包含四个坚持，即坚持科研的伦理原则，对人类负责；坚持客观性，对科学真理负责；也要对社会负责；还要对生态环境负责。

很多学校，包括国内、国外的，都很注意从一开始给学生树立一些正确的观念，比如有些学校，大学一年级就有一个关于观念、文化、价值这样的课。

也有人问我几十年的人生动力是什么？我实在地说，从我的经历当中——刚才说的"被选择"，我切实体会到有"两个轮子"，作为人生的动力来驱动自己的工作。一个是需求，国家、人民的需求可以作为前轮，还有一个就是对科学的兴趣，干一件事情进去了，就饶有兴趣，它就成为很大的动力来推动你，可以做一个后轮。这一点可以供大家参考。

二、追求卓越——"做人要做这样的人"

大家知道，中华民族有辉煌的古代史，也有充满屈辱和灾难的近代史，所以历代的仁人志士为实现民族的振兴、自强于世界民族之林做出了卓越的贡献。"两弹一星"工程也是我自己参加经历的，它是一部科技强国的史诗。几代科技工作者在创建历史伟业的同时，也铸造了堪称民族脊梁的价值观，留下了宝贵的精神财富。

我想给大家介绍几位我的老前辈。首先说一位如何对待自己事业的——邓稼先。他是从美国回来的物理学博士，国家需要他去做原子弹，那时他就毫不犹豫地接受了这个任务。回到家里，他一直在想这件事，他的夫人许鹿希（我们医科大学的解剖学教授）就问他："你好像有什么心事？"邓稼先说："我要去执行一项重要任务。"许鹿希问他："什么任务？"邓稼先说："不能说，要去远处出差。"许鹿希说："你去什么地方？"他说："也不能说。"她就问："那我能给你写信吗？"邓稼先说："恐怕不能。"这样两个人就没话说了，沉默良久，然后邓稼生最后说了一句话："这件事很重要，就是为它死了也值得。"

再给大家说一位怎样对待署名。大家都知道朱光亚，他的很多故事我都不讲了，我只讲一件小事。20世纪80年代，国际上开始搞核军备控制，他提出科学家要参加这件事情，并提出了军备控制物理学这个概念。我和我的研究生根据他的思想，写了一篇文章。初稿写好后送给他，我们把他放在作者署名的第一位，因为是他提出的思想。他用铅笔、蝇头小楷做了非常认真的修改以后，把自己的名字从第一作者那儿画了一个圈，往后一勾，变成了最后一位作者。这件小事给我留下了非常深刻的印象。刚才我讲到署名，他也是一个榜样。

再讲一位怎样面对生和死的，讲一个郭永怀的故事。郭永怀是和钱学森齐名的一起回国的力学家。但是因为他一回来，国家就让他去研究原子弹里面的力学问题，所以很少有人知道他，而且他去世很早。你们知道他生命的最后瞬间是怎样的吗？1968 年 12 月，他从某基地搭乘一个军用飞机，在北京军用机场降落的时候，飞机失事了。当人们从机身残骸中寻找郭永怀的时候，发现飞机里的所有人都被烧死了。大家吃惊地发现，他的遗体同其警卫员紧紧地抱在一起。烧焦的两具尸体被人们吃力地分开以后，从两个人肚子中间掉下来一个公文袋，公文包里面的绝密资料竟然完好无损。

再说一个动人的纯粹学术境界。他是我国航空自动控制的奠基人——林士谔。1939 年他在美国 MIT 完成博士论文答辩后，决定立刻回国，航空救国。当时他的博士论文名字叫《飞机自动控制的数学研究》，其中核心的创新点是高阶多项式的求根方法。他的导师陀螺仪表专家德雷珀是一个美国人。

他回国以后，德雷珀教授把他的方法整理成了论文，以林士谔的名义发表在 MIT 的数学和物理杂志上，而且德雷珀教授还在自己的著作当中，把这个方法叫作"林氏方法"。大家可以想象，一位外国的教授指导中国的留学生完成博士论文，不仅帮学生将论文当中创新的成果写成了学术论文，而且又用学生的名义，将这个成果公之于世，并且用学生的名字命名了该成果。可以说这是那个年代唯一用中国人的名字命名的方法。这是一种纯粹的学术境界，是一种高耸入云的学术道德典范。

我经常给同学们讲这样的故事，讲完我也反问自己，现在已经 21 世纪了，这些老故事还有用吗？我自己找了一个这样的回答，我想不管在任何时代、任何国家都会有不同的人选择不同的价值观。一个有希望的国家和民族，必定会有一批又一批的年轻人，来选择崇高的价值观，这一点我想大家会认可的。

有一次我讲了一个故事后，有个研究生问我："杜老师，你讲的这些很崇高，很好，但是我们是普通的学生，我们离崇高太远了。"后来我说这个问题对我很有启发，那么我们就换一个说法，品行端正离你们不远吧？大家说不远。那么我们就从品行端正来做起，来逐步地追求崇高，走向卓越。概括起来就像爱因斯坦所说的，"大多数人说，是才智造就了伟大的科学家，他们错了，是人格"。也正像康德所说的，世界上有两样东西最能震撼人们的心灵，就是内心里崇高的道德，头顶上灿烂的星空。我感觉这是一种境界，也是一种呼唤，这使我们充满了信心和希望。

有一次在试验场，我们做了一次非常成功的试验。当时我也很激动，我就想了一句话写在了笔记本上，这是我的心声：有幸为祖国的富强和老百姓扬眉吐气，做一点实际的工作，这是最大的精神享受，是任何物质享受难以比拟的。

最后，我想大家都知道我们的国家，需要一批学风扎实、学问颇深、志向坚定、操守高尚的学者。实现伟大复兴的中国梦，意味着中华民族将不仅要在政治上独立，经济上富强，而且要在文化上，为世界做出较大的贡献。国际竞争归根到底是各国公民素质的竞争，而且首先是青年一代科技工作者素质的竞争，是学生素质的竞争。希望中国的大学生们在这个竞争当中能够胜出。为此，我们需要宁静的心态，需要坚实的脚步。

我想一个自强于世界民族之林的国家，需要有一批又一批的年轻人，来传承崇高的价值观，一个充满希望的国家，必然是一个后人不断胜过前人的国家。新的时代呼唤青年一代干得更好，我也相信青年朋友们会干得更好，希望寄托在你们身上。

张海鹏

学习老一辈学者在治学与学风上的优秀品格

学术研究要靠自己下苦功夫读书，要靠自己"坐冷板凳"，要靠自己冥思苦索，当然也要靠求师问道、与朋友探讨，靠社会实践。

张海鹏　1939 年 5 月出生，中共党员。现任中国社会科学院学部委员，中国社会科学院台湾史研究中心主任，曾任中国社会科学院近代史研究所所长，中国社会科学院文史哲学部副主任，中国史学会会长、国务院学位委员会委员兼历史学科评议组召集人等。

著作有《追求集：近代中国历史进程的探索》《东厂论史录——中国近代史研究的评论与思考》《张海鹏集》《张海鹏自选集》《中国近代史基本问题研究》《张海鹏论近代中国历史》《张海鹏文集（全 7 卷）》，主编《中葡关系史资料集》《中国近代通史（全 10 卷）》《台湾史稿（全 2 卷）》《中国历史学 40 年》等论著和资料集多种，发表有关中国近代史研究理论方法、中国近代史专题研究和涉及香港、澳门、台湾和中日关系问题的文章约 400 篇。

担任马克思主义理论研究与建设工程首席专家、国家哲学社会科学研究专家咨询委员会委员、国家社科工作办中国历史学科评审小组召集人、国台办海峡两岸关系研究中心学术顾问、教育部统筹推进"双一流"大学专家委员会委员等。

科学道德和学风建设，需要引起整个学术界、科学界重视，这是大家都同意的。学术界、新闻媒体都在议论治学与学风建设问题。从当前公开暴露出来的情况看，的确存在不少治学与学风建设问题，值得引起学界重视。

1942 年在延安，为了赢得抗日战争的胜利，中国共产党的领导人毛泽东同志提出了整顿党的作风问题。他认为学风就是作风，他把整顿党的学风提到一个相当高的位置。他指出："所谓学风，不但是学校的学风，而且是全党的学风。学风问题是领导机关、全体干部、全体党员的思想方法问题，是我们对待马克思列宁主义的态度问题，是全党同志的工作态度问题。既然是这样，学风问题就是一个非常重要的问题，就是第一个重要的问题。"这是几十年前说过的话，其实放在今天也是适用的。

党的十八大后，中央做出了整顿作风的八项规定，这些规定，正在全党全国雷厉风行展开。当前正在开展的党的群众路线教育实践活动，以反对形式主义、官僚主义、享乐主义、奢靡之风为基本内容。学风中的主观主义、形式主义、享乐主义、奢靡之风也很严重。整顿学风不仅对学术界、教育界有重要意义，而且对人才的培养、教育和使用全过程都是有重要意义的。

当年在延安，主观主义是学风中的最大问题。今天，我们不能说主观主义已经完全被克服了。我认为现在社会上存在一种金钱至上的问题。因为金钱至上，所以就不讲义利之辩了。不讲义利之辩，就出现了诚信缺失问题。诚信缺失后，各种造假事件就出现了。社会处在急躁、焦虑之中。这一切在我看来都是"金钱至上"在作怪。它反映在教育中，反映在学术界，就是急于发表文章、急于拿到学位、急于出版著作、急于评上职称、急于拿到奖项……甚至假实验报告，抄袭出来的假学位论文、假毕业证书也纷纷出笼。

这些现象，大家都习以为常。习以为常，而不以为怪，恰恰证明问题的严重性。

哲学社会科学研究工作要以马克思主义为指导，这是大家都认可的。如何对待马克思主义，以什么态度对待马克思主义，怎么在学习实践中运用马克思主义，这是最重要的学风问题。我建议各位抽出时间去读一下 1942 年毛泽东所作的《整顿党的作风》。

我今天单纯从读书人学风与治学的角度，讲讲学风问题。所谓学风，我想，它指的是学者对治学的态度与方法，所以学风与治学，实际上是一个问题。

我是中国社会科学院一名研究员，在这里摸爬滚打近五十年。今天要借助几位我熟悉的前辈和历史学家，介绍他们在学风与治学方面的优秀品格。

一、做学问要脚踏实地，不务虚名，不慕官位，努力在学术研究上做出贡献

科学是求真求实的学问，想要在科学研究上取得哪怕一点点成绩，都要下很大的功夫。自然科学是这样，社会科学也是这样。由于学科特点不同，社会科学领域学者成才的年龄一般要晚些。哲学社会科学工作者要立下远大的抱负，立志在学术上攀登高峰，取得大的成绩，成为某一个领域的学术大师。为了这个目的，我们要脚踏实地工作，一步一个脚印，不要为窗外的荣华富贵所迷惑。

在这方面，范文澜先生和罗尔纲先生都是我们的榜样。我听说，中国科学院刚成立时，领导机关决定请郭沫若出任院长，请范文澜出任副院长，这当然是一种很好的搭配。但范先生坚辞副院长之任，只任近代史研究所所长。担任所长以后，他又请刘大年副所长主持所务，自己则专心于学术研究，埋头写书。虽然因为种种原因，范先生未能在生前完成中国通史的写作任务，但他那种心无旁骛，专注于学术研究的精神是一贯的。

20世纪50年代，范先生在所里讲话，告诫新进所的年轻人，要埋头学问，不要想当官，要想当官就不要到近代史所来。他说，近代史所不过一百来人，所长只相当于部队的连

长。连长是一个很小的官，要当官何必来当连长呢。1961 年，辛亥革命 50 周年学术讨论会在武汉召开，吴玉章先生、范文澜先生、吕振羽先生，以及吴晗先生出席会议，并做了学术报告。范先生告诫年轻朋友，要想做好学问，就要有"视富贵如浮云"的精神。这种话，在中华人民共和国成立以前有人讲，1961 年也有人讲。这说明，做学问就不能追逐富贵，不管什么时代都是一样的。

罗尔纲先生也是这样。20 世纪 50 年代初，罗先生在南京一手创办了南京太平天国博物馆。当 1954 年南京市政府正式任命罗尔纲为馆长时，罗先生坚辞不就，宁愿接受范文澜所长之聘，到近代史所做一名普通的研究员。后来，他担任过两届全国人大代表、两届全国政协委员，虽不能辞，遇到活动时，却很不能适应，以至不再参加政协的活动。但罗先生对于学术研究，却始终追求，终身不悔。正是有着这种精神，才造就了一代大学问家。

二、在学术殿堂上，要有"坐冷板凳、吃冷猪头肉"的精神，才能登堂入室，摘取学术研究的桂冠

时下流行一句话，叫作"板凳要坐十年冷，文章不写一句空"。有人说这是范文澜先生说的话，许多人写文章时都

引用这句话，但其实这不是范先生的原话，而是有人借范先生的话编写而成的警句。这样的警句，没有反映范先生原话的精神。范先生在近代史所提倡的是，做学问要有"坐冷板凳、吃冷猪头肉"的精神。这叫作"二冷精神"。这样的话，他在北大也给同学和老师讲过，刊登在北大学报上。坐冷板凳、吃冷猪头肉，是一种借喻，借喻古时庙堂上的祭祀活动。好比孔庙，大成殿正中供奉着孔子，两边是孟子和孔子的弟子等，再下边是两庑，历代儒家名人如董仲舒、韩愈、王阳明、朱熹等人在这里配享。你的成就高了，将来入了先贤庙，可以接受后人的供奉，也只能坐在冷板凳上吃点供奉的冷猪头肉。这里指的是身前不图名，图的是身后名。这是说，仅仅为了追求出人头地，为了追求捧场效应，怕是做不了很高的学问的。我们今天不一定提倡身后名，不一定提倡藏之名山，而是要提倡为国家、为社会做贡献，我们要借用坐冷板凳的意思，安下心来读书做学问。

各位可能是学术研究的后备军，在你们进入大学、研究所攻读学位的时候，要有"坐冷板凳"的心理准备，要有守住清贫的心理准备。我们要在"坐冷板凳"中追求历史的真知，要以此为乐，以此为荣。只有在"坐冷板凳"中贡献自己的青春年华，才可能在学术上做出贡献。

各位将来也可能从政。从政也是国家和社会的需要。即使从政，也要从读书中积累文化学术的底蕴，养成实事求是的学风，这样才可能做一个对人民有用的好官，做一个对国家、社会有贡献的好官甚至大官，至少不是一个贪官，至少不是一个草菅人命的坏官。

三、做学问"要大处着眼，小处下手"，必须从打基础下功夫，由博入专，不可急功近利

这些话是罗尔纲先生的意思。罗尔纲先生是近代史所一级研究员，1997 年辞世时已经 97 岁高龄。他是我国研究太平天国史的大家，终生乐此不疲。他做学问，宏博淹通，基础极为雄厚。他不仅专攻太平天国史，著作等身，而且对晚清史、晚清兵制史做了认真研究，这方面也是著作等身；他还长于金石之学、书法之学，甚至还发表了研究小说《水浒传》的专著。在他逝世一周年的时候，《近代史研究》刊物特发表他的一组书信，以为纪念。我在这里介绍他在书信中培植、鼓励青年从事学术研究说过的一些话，供各位参考。罗先生在回复一位研究中国文化史的青年的信中，强调"做学问'要大处着眼，小处下手'。能大处着眼，为学方不致流于烦琐，而有裨益于世。能小处下手，方不致流于空谈。所以千万不要求速效，要花三四十年读书、积累史料和增进知识的功夫，然后以三四十年做研究的功夫，断断乎必会有大成就的"。他举英国人李约瑟为例，李约瑟本是英国驻中国

的一名外交官，他抓住中国科技史这个题目，下了几十年的研究功夫，终于成就了《中国科学技术史》这部名著。

罗尔纲告诉一个研究太平天国史的青年，"必须从打基础下功夫，刻苦学习，刻苦钻研。学问的高峰是可以攀登的，但断不是急功近效所能达到的"。他还在一封信中表示要"提倡一点我国治学朴质的作风，反对主观臆断、夸夸其谈的风气"。罗先生做学问，从来是言必有据，没有材料，或者根据不足，就不说话，或不说满话。在研究历史问题、广泛收罗史料的过程中，他始终坚持一种打破砂锅问到底的态度，不弄清问题，决不罢手。他为了注释《李秀成自述》，从青春注到白首，注了四十年，一本书多次修订再版。他的最后一本巨著《太平天国史》四册150万字，1991年出版，距离第一次出版已经二十多年，总是不断补充修改，直到最后完成。一旦发现新的材料，必定重新审视自己以往的研究，知错则改，决不留情。这些话今天读来还是非常切中时弊，非常具有启发意义的。我们今天有些青年朋友，耐不住寂寞，小有成就，便沾沾自喜，夸夸其谈，追名逐利，不惜急功近利，不知道这正是阻碍了自己的进步，阻挡了自己通向更高成就的通道。我劝各位青年朋友谨之慎之，在为学之道上，切不可急功近利，追求眼前利益、短期效应。罗先生说要花四十年读书、四十年写作，这一点，罗尔纲先生自己做到了。如今，时代在飞速运转，读了四十年书以后再来写作，一般是难以做到的。但罗先生要求认真读书、认真写作的精神是我们需要坚持的。

四、在百家争鸣中提倡互相切磋、承认错误的好风气

　　罗尔纲先生在学术研究中非常谦虚谨慎，不但坚持自己认为正确的地方，在发现自己错误时还能立即改正。有一次，一个青年朋友写文章指出罗先生文章中的错误，罗先生认真审视自己的文章，发现的确是自己弄错了，马上写文章更正。他把文章寄给《安徽史学》编辑部，并附上一封信，建议"为百家争鸣提倡一种好风气——互相切磋、承认错误的好风气"。他在信中说："鄙见以为，提意见的同志应本学术为公、与人为善的态度，以和风煦日的文笔提出商榷的意见，而被提意见的同志则应以闻过则喜和有则改之、无则加勉的态度去接受批评。自古文人相轻，同行成仇。特别是那些自封为专家、权威之流，如有人提出正确意见，或考出真伪时，竟强辩不休。此种情况，于昔为烈，于今不绝。"罗先生建议编辑部在他的文章前加一段按语，指出他的错误，以便批评有的放矢。他强调说："承认错误是对人民负责的应有态度，而提意见的同志则应有与人为善的态度，为百家争鸣提倡一种好风气。"

　　罗先生在学术研究中，一辈子都是坚持这种虚怀若谷的

态度，这是一种真正的大家风范。只要有人指出他文章中的错误，他立即写信感谢，并且写文章公开改正。这种闻过则喜、有则改之、无则加勉的态度，在今天值得大大加以提倡。在今天的学术界，那种强辩不休，甚至结伙反对的例子还是可以看得到的。实践证明，百家争鸣是学术研究中的一种好办法，运用得益，大有好处。但是如果意气用事，就可能走偏方向。为了避免走偏方向，就要提倡学术大公，为学术大公而攻错，是正确的态度，如果意气用事，就太小家子气了。

五、关于百家争鸣，还要说一句，学问上的争鸣，是学问之争，不是感想之争，不是意气之争

历史学界开展百家争鸣是很有成就的，的确曾经促进了学术研究的繁荣。最有名的例子，是郭沫若先生和范文澜先生有关历史分期问题的争论。郭先生和范先生都坚持用马克思主义研究历史，但是他们在中国奴隶制和封建制的分期上有不同主张。范先生主张"西周封建说"，郭先生主张"春秋战国之交封建说"。他们都拥有广大的读者。郭先生以中国科学院院长主持历史研究所，组织学者编撰《中国史稿》，贯彻他的分期主张；范先生主持近代史研究所，在《中国通史简编》修订本中坚持他的分期主张。这对于促进学者深入

思考，推动历史学研究，起到了好的作用。

民族学研究领域的争鸣，也有令人瞩目的例子。1950 年，斯大林发表《马克思主义与语言学问题》著名文章，提出了资产阶级民族的四个特征，认为："随着资本主义的出现、封建分割的消灭、民族市场的形成，于是部族就变成民族。"这就是说，只有在资本主义社会才形成民族。范文澜先生以他对中国历史的深刻理解，认为所谓资产阶级民族的四个特征，汉民族在秦汉时期就已形成了。汉民族的形成是自秦汉起中国成为统一国家的主要原因。自秦汉确立郡县制，封建分割基本上消灭了，大小市场也实际形成了，但是资本主义根本不存在。斯大林的论述符合欧洲的情况，不符合中国的情况。范文澜先生以《试论中国自秦汉时成为统一国家的原因》为题，在 1954 年《历史研究》第三期发表论文，论述自己的主张。范先生的意见，今天已经成为我国民族学研究领域的常识。在当时，面对斯大林那样大的政治权威和理论权威，范先生敢于以自己的学术观点来争鸣，这是真正的学者的勇敢。当时，有的学者严厉指责范文澜背离了斯大林学说，范先生却始终不悔。范先生的文章发表，引起了历史学领域关于汉民族形成问题的大讨论，推动了历史学的发展。

学术争鸣，要鼓励不同意见的学者、学派勇于发表自己的见解，参与争鸣。但这种争鸣不应该是轻率的，不应该是意气用事的，而必须建立在深入钻研的基础上。范文澜在 1956 年发表关于百家争鸣与史学的意见，他说，学有专长而争鸣是好的，长于教条而争鸣那就很不好，因为教条主义者的特征之一就是不肯多看看、多想想，却急于一鸣惊人。他还说："谁能对大的或较小的问题长期不倦地下苦功夫，谁就有可能经过数年而一鸣，或毕一生而一鸣，或师徒相传而一鸣，或集体合力而一鸣。这就是说，想在学术上一鸣，并不是什么容易事。"不肯下苦功夫，随意发表意见，或者抱着教条主义态度企图一鸣惊人式的争鸣，像范先生批评的那样，那只能叫作"潦岁蛙鸣"，那种雨后池塘里的青蛙鸣叫，噪音贯耳，与百家争鸣完全是两回事。因此，在开展百家争鸣的过程中，既要有与人为善的心态，又要有实事求是的精神。发表学术争鸣要以深入研究作基础，发表学术批评也要以深入研究作基础。

1961 年，范文澜在《历史研究》上发表了题为《反对放空炮》的一篇短文。范先生的文章是针对学术界说大话的、空疏学风的。1958 年"史学革命"以后，报刊上发表一些批判文章，不是摆事实讲道理，而是"戴帽子""打棍子"，提出"打破王朝体系""打倒帝王将相"等口号，提出"以论代史"等错误主张，违反扎实踏实实事求是的作风。范先生在纪念巴黎公社 90 周年学术讨论会上讲话，批评了历史研究中放空炮、说空话的现象。这篇短文发表后影响很大，有人有意见，甚至告到党中央，直至"文化大革命"中还有纠缠，只是因为范先生德高望重，才没有成为问题。从另一个意义说，反对放空炮，也是对百家争鸣的一种主张。

　　2013 年，红旗出版社出版了《与党员干部谈作风、学风、文风》一书，收录了毛泽东、邓小平、江泽民、胡锦涛、习近平等中央领导人谈作风、学风的文章，也收入了范文澜的《反对放空炮》这篇文章。

　　这里我讲一点个人的经验。胡绳先生是中国近代史研究的大家，又是中国社会科学院的院长。1997 年，他的《从鸦片战争到五四运动》在人民出版社出了修订版。书出了以后，他要我写一篇书评。我在书评中充分肯定了修订版的贡献，充分肯定了胡绳宏观上把握中国近代史的非凡能力，但也指出了修订版中存在的一些问题，不仅指出原书中的错字未能改正，也根据我的研究指出了一些重要史实的错误。胡绳先生那时候已经 80 岁了，身体不大好，未能改正书中的错误是可以谅解的。但是我作为书评者，不指出书中的错误也是不对的。这篇书评，我送给胡绳先生过目，他只改了一两个字，同意发表。他还给我写信，要我提供有关史实的资料，供他参考。这篇书评在光明日报发表时，编辑把批评的话全部删去。我不满意，又将书评送给中共中央党史研究室主办的刊物《中共党史研究》，这个刊物同意发表，编辑给我打电话，也提出了是否把批评的话删去一些，我告诉他们，如果删去，就不必发表，刊物才全文发表。

　　再举一例，刘大年先生对于批评的态度。刘大年先生长期担任近代史研究所领导，也是中国近代史研究领域的大家。20 世纪 80 年代初，刘大年发表了关于历史前进动力的论文，引起了不同的反应，有的青年学者对他进行了严厉的批评。有一位青年学者引用自然科学中的系统论、控制论、信息论等所谓"三论"做支撑来批评刘大年。刘大年先生在答辩中，用非常专业的语言说明了 20 世纪以来自然科学的创造性发展成就，来证明自己的观点。由于他的说明非常专业，批评他的人难以措辞。

刘大年先生是学经学出身，没有学过自然科学，但他非常关心自然科学的发展。1947 年，他在华北解放区负责组建北方大学工学院（北京理工大学的前身），网罗了许多自然科学家。中华人民共和国建立以后，他担任中国科学院党组成员、学术秘书处秘书、编译局副局长，与中国科学院的自然科学家建立了广泛的联系和良好的关系。他为了在文章中写出自然科学发展的话，给科学院的数位科学家打了电话，征询意见。所以他的回答不外行。

六、科学研究是创造性的劳动，科学家必须是最诚实的人，容不得半点造假的行为

学术是天下的公器，学术成果的发布就是向全世界公布，要接受全世界的检验，也要准备接受学术界的各种批评。学术成果要对学术界负责，要对历史和人民负责。因此，学术研究是一项神圣的事业，我们要对学术成果的发布抱有敬畏

之心，抱着敬慎、敬惧的态度，要有如临深渊、如履薄冰的想法。因此，对于学术研究来说，学风建设是第一位的。学术研究本身是一种创造，来不得半点虚假。要言人所未言，发人所未发。粗制滥造固然是对学术的大不敬，抄袭、剽窃，更是学者莫大的耻辱。我们看看中国和世界，哪一个抄袭和剽窃的人，能够侥幸不被揭露呢？不是声名俱裂呢？！有多少大学校长因论文剽窃被免职，国外有的总统因剽窃弄得声名狼藉。

做学者，要想安身立命，一定要严禁学术剽窃；做官员，一定要己身正，如果有剽窃，在官位上一定待不长；做商人，一定要诚实经商，多占不义之财，也是一种剽窃。

今天各位写论文，除了利用各种文献和数据，还可以从网络上搜集资料，这是信息社会发展的一个大的进步。我要提醒各位，随便从网络上获取的资料不一定都是可靠的，必须要花时间、花工夫去查证原始资料，求得研究资料的准确性。只有资料准确，你的研究结论才可能建立在可靠的基础上。资料准确对于研究的重要性，无论社会科学还是自然科学，都是一样的。另外，从网络上剪贴，很可能出现抄袭。即便不是故意抄袭，也可能产生抄袭的结果。各位千万要注意，学术研究不是建立在抄袭别人的成果的基础上。学术研究要靠自己下苦功夫读书，要靠自己"坐冷板凳"，要靠自己冥思苦索，当然也要靠求师问道、与朋友探讨，靠社会实践。抄袭、剽窃，是懒汉，是懦夫，是无能。总之，想踏入科学之门，想在学术上求得进步，就要远离抄袭，杜绝剽窃。

各位同学今天攻读学位，是很幸福的。历史向你们敞开，国家向你们敞开，世界向你们敞开。各位风华正茂，正是在进取的时期，我劝各位从一开始就注重个人的学风建设，持之以恒，未来中国自然科学和哲学社会科学各领域的学术大师将从你们当中产生。我在这里预祝你们获得成功！

吴良镛

志存高远　身体力行

　　人的一生不知要走过多少"十字路口"，一个弯转错了就很难回到过去的志愿，因此道路的选择至关重要。

　　科学理论的创新不是一蹴而就的，而是时刻保持对新鲜事物的敏感性，不断注意现实问题与学术发展的情况，进行知识累积、比较研究、借鉴启发，逐步"发酵"，得到顿悟。

吴良镛 1922 年 5 月出生，中共党员，民盟盟员。现任清华大学建筑学院教授，中国科学院院士、中国工程院院士。

著名建筑学家、城乡规划学家和教育家，是中国人居环境科学的创建者。他长期从事建筑与城乡规划基础理论、工程实践和学科发展研究，针对我国城镇化进程中建设规模大、速度快、涉及面广等特点，创立了人居环境科学及其理论框架。成功运用人居环境科学理论，开展区域、城乡、建筑、园林等多尺度、多类型的规划设计研究与实践。

先后获得世界人居奖、国际建筑师协会屈米奖、亚洲建筑师协会金奖、陈嘉庚科学奖、2011 年度国家最高科学技术奖、2018 年改革开放四十年"改革先锋"称号、2021 年"全国优秀共产党员"称号。

中国拥有博大精深的传统科学美德。战国时齐于临淄设"稷下学宫"，治官礼、议政事，著书立说，可以说是当时的高等学府与文化中心。其中已经蕴含了学术争鸣、百花齐放的学术风尚。事实上，科学作风一直是被提倡的，例如各个学校制定的校训很多都是这方面的至理名言。当然，对学术腐败的揭露也是屡见不鲜。这说明真正认识科学作风并严格自律并非易事。

今天在座的 90% 以上都是刚入学的研究生，这是你们人生的新阶段，我热诚地希望你们在思想上也能进入一个新境界。我今天不讲大道理，因为"教育材料汇编"上好多的文章已经将一些道理说得很透彻了。我作为一个建筑学人，自 1946 年执教于清华大学，至今已经 68 年，只想将自己的亲身体会与同学们讨论。

一、理想与立志

人的一生不能没有理想，立志是人一生不断前进的动力。要思考我这一生到底想要做什么？想要有何作为？有何抱负和志趣？想要从事什么专业？这些问题从中学进入大学时是必然要考虑的，从大学进入研究生时需要进一步思考。立志往往并非一蹴而就，而是伴随着成长的经历、所见所闻所想而一步步顿悟、提升，当然，其中不可避免地会带有一定的偶然性。我之所以选择把建筑事业作为毕生的追求方向，与我青少年时的成长经历有着密切关系。1922 年我出生于古都金陵（今南京），当时国家正值内忧外患，中国大地战火连连，苦难深重。1937 年南京沦陷，我随家兄流亡重庆，于合川继续中学学业。1940 年 7 月 27 日，高考结束的那天下午，合川城遭遇日军空袭，大火一直燃烧至翌日清晨，因降雨始熄。我敬爱的前苏州中学首席国文教员戴劲沉父子遇难。苦痛的战乱经历激发了我重建家园的热望，最终我断然选择进入重庆中央大学建筑系学习。

以建筑为专业，这又是一个开始。随着自己的成长和对国家社会发展的认识，我对建筑事业发展的需求也在不断加深认识，对它的学习研究也就不断地深入。

二、选择

人的一生不知要走过多少"十字路口"，一个弯转错了就很难回到过去的志愿，因此道路的选择至关重要。人生中有太多的机遇和变迁，甚至有无限的偶然性，国家的发展，社会经济的变迁，乃至家庭中的细小问题都会引人转向，甚至改变一个人的命运。回顾我的经历，有几次重要的"十字路口"：1948 年我经梁思成先生推荐赴美国匡溪艺术学院求学，1950 年学成后，应梁先生信中说到的"新中国百废待兴"的召唤，力辞种种诱惑，毅然从尚被英国盘踞的香港地区，在军警挟持下取道回国，投身到百废待兴的新中国建设和教育事业中。现在想来，如果当时留在美国，便没有此后几十年在中国建设领域中的耕耘和收获。1983 年，我年满 60 岁，从清华大学建筑系主任的行政岗位上退下，当时张维校长邀请我前往深圳大学创办建筑系，我婉拒了他的盛情，坚持和一名助教，在半间屋子、一张书桌、两个坐凳的条件下创办了清华大学建筑与城市研究所，如今已经整整 30 个春秋。30 年中我与研究所的同志们共同开展了一系列人居环境科学的研究与实践。当时若前往深圳，今生后期的工作则会是另一番光景。类似的情况在一个人的一生中不知要经历多少，回顾过往，我自审之所以没有"转错"大方向，很大程度上还是与早年"立志"相关。我很早便立志在建筑与城市的学术领域做一些事，在不同时期，根据现实条件，做出相应的选择。

三、坚持

人生的道路上不可能一帆风顺，遇到困难是坚持还是退却？就我个人的经历而言，不论是年少时的读书求学，还是年长后的研究与实践，几乎处处都有需要面对的困难，也难免遭遇挫折。年轻人很容易受到挫折的影响而气馁，这里希望以宗白华先生之语与大家共勉："不因困难而挫志，不以荣誉而自满"。这是他写在《徐悲鸿与中国绘画》上的一句名言。要立志、要选择，在选择的道路上更要有不惧困难的坚持。

四、榜样

一个人成长过程中的良师益友会对他起到重要的影响作用。我在求学的各个阶段都有幸得良师指点，这是人生一大幸福。1940年进入中央大学建筑系后，师从我国建筑领域的先驱鲍鼎、杨廷宝、刘敦桢、徐中等诸位先生；1946年自云南抗日战场回到重庆，又幸得梁思成先生赏识，获邀参与协同创办建筑系，其间多得梁思成、林徽因等先生的言传身教；1948年经梁先生推荐赴美求学，师从世界著名建筑大师伊里尔·沙里宁，学习建筑与城市设计，获益良多。

除了诸位良师，还有诸多益友作为榜样。数学家冯康独立于西方系统地创建了"有限元法"。20世纪40年代初，他与我同在中央大学求学，1946年又同到清华大学任教，他原本在电机系，后转学物理，又因发现对数学感兴趣而转到数学系。数学的事情我说不了，但是可以谈一谈从生活的其他方面得到对他的认识。冯康一度喜爱音乐，为此他搜集了众多音乐唱片，并将图书馆中有关古典音乐的著作借出来，逐一阅读，这体现了他即使在业余爱好上也拥有钻研而又广博的科学精神，在各方面日渐渊博，最终成为"有限元法"的创始人之一，获得国际瞩目。植物学家吴征镒是2007年国家最高科学技术奖的获得者。20世纪40年代我在清华园中与他结识，当时我们同住在工字厅，隔院窗口相对。他当时的公开身份是民盟成员，在1946年清华大学纪念闻一多被害一周年的纪念会上，他鞭笞时局，我后来参加"教联会"的工作，与他多有往来，才初步辨明时局。事实上吴征镒当时是清华学生运动的领导者，后来去了解放区，中华人民共和国成立前代表党组织接收清华大学，并参与中国科学院的筹备等工作。如果他将这些工作做下去，可以成为优秀的领导，但是他选择回到昆明，继续从事植物学研究，主编了《中国植物志》等权威著作。他的一生，参与了革命运动，最终还是回到自己的学术抱负上，取得了巨大的成就。他们在为学、为人、为事中给予我心灵上的感染，令我敬佩不已。建筑与规划专业内的益友更多，在此不再多举。

以上主要讲良师益友的重要性，关于师生关系，我执教多年，颇有些切身体会。韩愈《师说》有云："师者，所以传道授业解惑也。"这是老师最基本的职责。同时，他还有两句话未必引起了注意，即学生也可以超过老师，"弟子不必不如师，师不必贤于弟子"。这两句话无论对教师还是学生都非常重要。在学生刚入学时，老师可以发挥比较大的作用，进行启蒙、指导与引领，若干年后，学生的学识能力不断发展，便不只是师生关系，而是学术事业上的战友、同道。

以我自己的经历为例，有件事值得一提。1999年国际建筑师协会第20届世界建筑师大会在北京召开，我被委任为科学委员会主席，负责起草大会文件。这一任务匆匆落在我身上，当时时间紧迫，又有其他任务，助手中只有一名学地理出身的博士研究生可以帮忙。当时的工作情况是：我每天清早将前一天晚上写好的稿件交给他，由他在白天整理，晚上他再交给我，我继续在深夜赶稿，如此往复，终于形成《北京宣言》。这一文件获得大会一致通过，并认为超出了"宣言"，被定名为《北京宪章》。这也是国际建筑师协会自1948年成立以来通过的唯一的宪章。它说明师生共同在重大课题中合作，教学相长，成为共同战线的挚友，有助于推动学术的发展。这名曾协助我的博士研究生现在也已经成为清华大学教授、建筑与城市研究所的副所长。

五、顿悟

回顾几十年的学术人生，我深切地体会到科学理论的创新不是一蹴而就的，而是时刻保持对新鲜事物的敏感性，不断注意现实问题与学术发展的情况，进行知识累积、比较研究、借鉴启发，逐步"发酵"，得到顿悟。我的学术道路上有以下几个顿悟可以与同学们交流。

顿悟一：建筑学要走向科学

20世纪40年代，我在战火纷飞中求学，初入建筑之门，学术思想得到启蒙。1948年，赴美求学，接触到西方先进的学术思想。1950年回国，投身新中国城乡建设，参与长安街规划设计、天安门广场扩建规划设计、毛主席纪念堂规划设计等重大项目。这一时期因制度变革、政治经济等局面的变化，有诸多困惑。"文化大革命"结束后，我满怀激情再次投身建筑领域的工作，希望冲破困惑的迷雾，找到建筑学的方向。1981年，参加"文化大革命"后第一次全国院士大会，认识到一方面，双肩学术责任的加重；另一方面，建筑学专业必然要向科学发展，否则难以适应形势的要求。

顿悟二："从"广义建筑学"起步，从建筑天地走向大千世界

通过对交叉学科理论知识的涉猎、对古代人类聚落遗址的考察等，我认识到建筑学不能仅指房子，而需要触及本质，即以聚居说明建筑，从单纯的房子拓展到人、到社会，从单纯物质构成拓展到社会构成，从而提出了"广义建筑学"。

顿悟三："人居环境科学"的追求，有序空间与宜居环境

提出"广义建筑学"之后，我仍在从各方面进行不断探

吴良镛　志存高远　身体力行

索，希望得到新的领悟。基于对传统建筑学因时代而拓展，进行种种探索及对国外种种城市规划理念、理论的研究，我逐渐理解到：不能仅囿于一个学科，而应从学科群的角度整体探讨研究，需要追求一种不囿于过去的新学科体系。1993年我第一次提出"人居环境学"，探讨如何科学地利用空间，实现空间及其组织的协调秩序，即有序空间。人居环境科学始终以人为核心，人应当在空间中安居乐业，所有层次的空间规划设计都为人的生活服务，旨在创造适合生活生产的美好环境，即宜居环境。

■ 顿悟四：人居环境科学涉及诸多学术领域，要走向科学、人文、艺术的融汇 ■

全球性经济危机、社会动荡、气候变化等问题的不断涌现，都推动了人居环境科学变成大科学。这是非常有前途的科学。它将迈向大科学、大人文、大艺术：科学，即绿色建筑、节能减排等技术的研究与应用等；人文，即社会科学的融入、对社会中下阶层的关怀等；艺术，即以人的生活为中心的美的欣赏和艺术的创造等。2014年9月初，我在中国美术馆举行了题为"人居艺境"的绘画、书法、建筑作品展，进一步体悟到我们所居处的人居环境就是以人的生活为中心的美的欣赏和艺术创造。其中蕴含的艺术境界丰富、充实而又深远，从自然环境到人文环境，从个体人的生活到社会的运转，无所不包又无处不在。这已超出了我从20世纪40年代起追求的建筑与艺术的并行学习，而是艺文的综合追求，多种艺术门类以生活为基础，相互交融、折射，聚焦于人居环境之中，在某一门类中有独到之心得，都可以相应地在人居建设中有所创造和展拓。这可以说是人居科学研究的一个新领域，其中尚有广阔的空间等待我们去探索、发掘。

由于建筑涉及的事物太庞杂，作为建筑学人，以上所说的是我结合自己学术人生经历的一些体悟，我也很难就自己的专业领域把今天的大会主题解说清楚。在座的同学们来自不同的学科，但都应当关心多方面的学术思想的变化，多学科互补、拓展知识面，从而了解时代的发展与需求。我前面提到的数学家冯康对多方面的研究均有涉猎、融贯综合，植物学家吴征镒既关心国家政治，又专注学术研究。他们都是青年人学习的典范。

对于青年人，我认为理性上对科学道德、科学伦理等似乎不难理解，关键在于身体力行。现在社会舆论的各个方面对于科学道德和学风建设的宣传屡见不鲜，相关的书籍、文章也有很多，但是让人痛心的是，学术不端、学术腐败的现象仍时有发生。这些人也许并非对道理不理解，而是没有切实地将其落实到一己的心灵与行动中。因而，我想强调的是，必须要志存高远、身体力行，从经典的哲理转化为一己之行动指南、行为通则，唯有此，才能慢慢地内化为属于你自己的精神财富，并且会在逐步"顿悟"中加深体会，并不断增强信念，持续前进。

　　如今，我虽已年逾九十，但仍坚守在教师的岗位上，仍要求自己以一种积极的精神面貌面向未来。随着年龄日增，必然有些事情由于体力不及等原因已经做不了了，但是我依然觉得当前面临着一个大的时代，未来有无限的生机和激情，促使自己力所能及地不断探索广阔的学术新天地，建设美好家园、美丽中国。愿与广大青年人共勉！让我们为实现中华民族伟大复兴的中国梦而奋斗！

杨　乐

科学研究和学术道德

在别人的架构里，在别人的思路上，做些细节的推广和改进。这种工作并不是真正意义上的科研，也不是创新，而是临摹，是描红。

从事科研工作就要有这样一股精神，有这样一种气节，就是把你的全部精力都用在科研工作上。

做研究工作，确实不能心存侥幸。以为可以不花费很多力气，就能获得新的成果，这可以说是痴心妄想。

杨　乐　1939 年 11 月—2023 年 10 月，中共党员。
世界华人数学家大会副主席，中国科学院院
士。1998—2002 年任中国科学院数学与系统
科学研究院院长，曾先后担任全国青年联合
会副主席、全国政协委员、中国科协常委、
中国数学会理事长、国务院学位委员会委
员与数学评议组召集人、中国科学院主席
团委员与数理学部副主任、全国科技奖励
委员会委员等职。

数学家，主要从事复分析研究，在整函数与亚纯函数的
值分布理论方面有系统深入的研究，其成果获得了国内外同
行的高度评价和广泛引用。

曾获全国科学大会奖、国家自然科学奖二等奖、华罗庚
数学奖、陈嘉庚数理科学奖、何梁何利基金科学与技术进步
奖等多项重大奖项。

　　治学与为人是统一的。我们要有远大的志向，通过青年一代的努力，使我国科学发展有重大成就，技术有重要的创新，使我国经济与各项事业进一步腾飞，国家发展，人民幸福，社会进步。

　　我们要有做大学问的雄心壮志、做好学问的豪气。这样才能克服研究工作中的种种曲折与困难，长期坚持下去。

　　这里，我和同学们谈谈对科学研究工作和学术道德的一些认识与体会，供同学们参考。

一、研究生是培育人才的关键阶段

　　20 世纪以来，各门科学、高新技术、信息、工程、能源、环境、大气、航天、海洋、经济、金融、管理、物流各个方面迅猛发展，每个专业都有丰富的积累、广泛的内容、众多的分支与崭新的发展。同学们虽然有小学、中学的普通教育的基础，有大学本科的学习和硕士生阶段的教育，但是难以掌握本专业最高水平的知识和最新的进展，难以成为本专业的领军人才，难以在理论上有重大发现或者运用专业知识解决国民经济和国家安全中的重大问题。

在发达国家，博士生是培养人才的一个有效途径。这些国家的大学教授以及各个专业、集团、公司的高级管理人才一般都具有博士学位。因为，这些岗位应该具有广博的知识、具有解决问题的能力与素质、具有很高的水平。

一个人在博士生阶段的努力程度、成绩的好坏、博士论文水平的高低常常会影响到以后工作中专业水平的高低。博士生阶段是人们培育成才征途上一个至关重要的阶段，甚至可以说是一个具有决定作用的阶段。

改革开放以来，我国在培养人才方面的工作已经取得了很大成绩，每年有数以万计的博士生走上工作岗位，很好地推动了国家经济和其他各项工作的巨大发展。载人航天工程、大型快速计算机的研制，就是这方面的范例。

然而我们还必须看到不足的方面。大家知道，菲尔兹奖是国际上数学最重要的奖项，有"数学上的诺贝尔奖"之称。最近两届菲尔兹奖，发展中国家越南、巴西、伊朗的学者均已获得，虽然他们曾在欧美获得进一步培养和发展，但中国本土学者仍与其无缘[1]。再过两周，我们将迎来中华人民共和国成立65周年的光辉节日，但作为世界人口第一大国，历经65年的时间，仍然没有一位立足于本土的学者，在自然科学领域摘取国际上最受人瞩目的诺贝尔奖[2]。

---

[1] 1983年，留美华人著名数学家丘成桐获得菲尔兹奖，当时持香港证件。

[2] 翌年（2015年），我国屠呦呦教授荣获生理与医学诺贝尔奖。

我国改革开放 35 年，经济上取得了举世瞩目的成就。这些年来，人们越来越认识到在改革开放之初依靠劳动力密集、人工成本低、对环境造成一定程度污染的经济发展模式必须转换成在科技现代化基础上的知识经济和智慧经济。经济上的改革和转变，国防上的改革和转变，关键在于科技发展水平，在于人才。

继续推进全面深化改革，这是我们未来二三十年内的主要任务。对整个国家是如此，对一个企业与团体也是如此。

各门科学、高新技术、各个专业的迅猛发展，众多大型企业、集团、公司要将很多的资源、力量投入到对新型产品的探索、研究、开发、创新的工作中，使商品性能更好、更加完善、更新换代加快，更具有竞争力。

要做好这些工作的关键是要拥有一批基础扎实、对该领域熟悉、具有研究能力与创新精神的人才。研究生阶段就是由学习向研究与创新过渡的阶段，逐步学会从事探索、研究、发明、创新的工作。

研究生阶段，我们不仅要在专业上注重研究与创新，而且要在思想品德与学风方面严格要求自己。你们几年后就要走上工作岗位，成为各条"战线"的主力军，并逐步成为骨干与领军人物。你们的价值观、品德的高低，对是非的判断，是认真、严谨地努力工作，还是投机取巧、不负责任，将关系到整个社会的价值观念与走向，关系到全民的道德水平与信念，关系到国家发展、社会进步与人类文明。所以，在研

杨乐
科学研究和学术道德

究生阶段，我们在为人与治学两方面都要严格要求，以取得优秀的成绩。现在是我们学习和做研究工作成长的最佳阶段，要努力抓紧研究生阶段的学习和研究，严格要求自己，以取得优秀的成绩。

二、科研会不会一无所获、一事无成

关于科学研究工作，有些同学可能会想，我认真阅读文献，努力思考和钻研所选择的论文课题，会不会最后一无所获，不能够完成一篇合格的博士论文？

对于研究，很多同学感到心中无数。同学们对学习功课心中有底，这是因为大家从小学、中学到大学，一路过来学了许许多多的课程，大大小小的考试也经历了很多，所以心里比较有底，并不胆怯。

可是说起做研究，要创新，要做出前人没有发现的重要成果，发现新现象、新规律，要为自己的专业领域增添新的知识时，大家却有些手足无措。因为同学们对科学研究还比较陌生，大多数同学只是在硕士生阶段，在导师的指导下接触过一些，有很多时候是老师让做什么就做什么，老师让怎么做就怎么做。

博士生是我们学习的最后一个阶段，走上工作岗位后要独自承担研究与创新工作。因此，我们不仅要做出一篇优秀的博士论文，而且要学会如何做研究工作。同学们从选题、阅读文献、刻苦攻关、扩大成果到撰写论文各个环节都要认真学习，很好地掌握。

做研究工作，确实不能心存侥幸。以为可以不花费很多力气，就能获得新的成果，这可以说是痴心妄想。试想，如果一项科研成果可以如此轻而易举地获得，那么它就不会在那里等待我们，从事这个领域研究的其他学者早就将它收入囊中了。

根据我从事科研工作的经验，以及我对身边许多学生、学者的观察，只要他们在所从事的专业领域里扎扎实实的努力，总是会有所收获的，可以做出优秀的研究工作、写出高质量的论文。

以国际上通行的一篇博士论文为例，它常常包含两个部分，其中一部分是对所选的研究课题的一个总结，在认真阅读了该课题及其领域的许多文献后，经过思考、消化、分析、归纳，用自己的语言作出了很好的总结。这是同学们可以做得到的，因为它和同学们学习课程的模式比较接近。

如果我们在两三年的时间里，每天都面对着一个课题，阅读了有关文献，掌握了问题的实质，学习了其他学者的方法，认真进行了思考，动手做了大量推导和演算，必然会对问题的一些方面或者某些点，有深入的体会。起初也许仅仅是一些心得，但是我们不放过这些苗头，继续深入研究，使它逐步扩大，更加有条理。在此基础上它就成为我们研究中创新的部分，也就是发现新的成果。

因此，我可以断言，只要同学们认真、努力，就一定可以做一篇合格的博士论文。如果同学们的努力能再进一步，就一定可以做一篇优秀的博士论文。

三、做大学问、好学问

希望广大同学有远大的志向，力争做经得起时间检验的学问，即青史留名的学问，做本学科有影响的好学问，不要仅仅满足于毕业和取得博士学位。

20 世纪八九十年代，许多大学的研究还没有形成风气，于是有些大学和学者提出博士生毕业，要发表两篇或三篇论文，并且要求其中有一篇是 SCI 论文，这在当时对一些学校有些积极意义，起了一点作用，从而在国内得到普遍推行。

然而这还不是衡量博士生水平高低的好办法。科研工作的灵魂在于其质量，而非数量。即便是所谓的 SCI 期刊上的论文，也只能说明该论文发表的期刊里的较多文章在近两年中有较多的应用，然而在不同的专业，或在同一专业的不同领域里，研究热点是否集中，是否追求时髦与时效，甚至和学者的习惯有很大关系。于是影响因子和 SCI 并不是很能说明问题。可靠的是同行学者实实在在的评价。

这种衡量标准不仅带来"重量轻质"的不良倾向，而且往往让同学钟情于小题目，因为它们不需要多少准备，比较容易着手，难度不大，较易做出成果，这样就可以在毕业前得以发表，拿到学位。但是这样做缺乏远大的目标，对所从事的研究方向缺少全面的了解，难以达到较高的水平。

我们的目标是做学科发展中起到大作用的大学问、好学问，这并不等于说能轻易成功。正是因为要做这种学问，我们遇到的困难、挫折会是最多的，所以就更需要创新。这对我们而言是很好的锻炼。我们要百折不挠、屡败屡战、长期坚持，最终获得收获。

为了做大学问，我们要尽可能地掌握本领域里的已有文献，掌握本领域解决和处理问题的主要思想、方法和技巧。以往的关键文献和重大进展要精读，深入领会其精神实质，较次要的文献则可以浏览。我们还必须掌握近几年内这个研究方向的最新文献。

我们倡导做大学问，但是要抓紧一切可以动手练习的机会。只有勤于动手，才能使基础更加扎实，才能增强使自己的一些想法得以实现的本领。有时，初看似乎是一个不难的练习，但是做了几步，发现里面隐含了一些困难，并不是原来想的那样。花费了相当的功夫，才能将其完成。一方面这已是研究工作的一部分，另一方面也锻炼了自己的科研能力。

四、在研究基点和原始思想上创新

面对要研讨的问题，我们要认真地分析与归纳，其关键在何处？要克服的难点是什么？对以往处理此类问题的重要文献，它们取得了哪些进展？其原始思想与精神实质是什么？如何实现的？对于这些疑问，我们要反复思考、揣摩、分析、钻研，把那些不易理解、感到突兀的东西都变得自然了。然后，我们从根本出发点与原始思想上考虑问题，有所创新。这样就从根本上革新了研究思路，与原来的面貌完全不同，也会带来不一样的结果。

国内现在有不少的研究，对以往的重要工作只是进行表面的了解，对其精神实质并没有很好的掌握，完全在别人的框架与结构中，只是对某些地方计算得更精细些，对某些情况考察得更广泛些。总之，完全是在别人的架构里，在别人的思路上，做些细节的推广和改进。这种工作并不是真正意义上的科研，也不是创新，而是临摹，是描红。

五、不断探索，扩大战果

当我们经过一个阶段的刻苦攻关，取得了一些不错的成果时，我们千万不要心满意足，以为大功告成。对这些不错的成果，我们要认真分析、钻研：它的实质是什么，说明什么问题，可能有什么应用，其最简单的模型是什么。对获得此成果的方法，我们也要认真分析：哪些是现成的，哪些是我们处理过的，为什么可以解决问题，是否还可以用来解决其他问题。

我们对获得的成果与方法，要反复思考，不断揣摩，从不同的角度与出发点予以钻研，有时会有新的发现。我将它称为扩大战果。

六、关于学风建设的问题

我国改革开放取得了伟大的成就，尤其在经济方面，但是社会上有一些急功近利、过分追求物质享受和产生浮躁情绪的问题，这些问题在某些同学身上也有表现，比如说考试作弊、形形色色的作弊手段，甚至论文抄袭现象也不罕见。被举报揭发以后，有关方面常常没有严肃追究、认真处理，有时还大事化小、淡化处理。这样反而使得青年学子认识不到这些问题的严重性和危害性，导致其缺乏是非观念，很难树立和培育优良学风。

我希望同学们能坚持奋斗和努力。而长期的奋斗和努力需要坚强的动力。科学研究的目的在于探索大自然的真与美，掌握自然规律，推动社会的进步和发展，造福人类。我们有这方面的责任。我们要有远大理想，要有雄心壮志，经过长期的努力，使自己成为道德高尚、学识渊博、创造力强、水平高的专家和学者。在科研工作中，我们要有对专业的浓厚兴趣，要有好奇心，这样才会不断地进行思考、钻研，提出各种各样的问题并试图作出解答。要做出有意义的研究工作和有价值的成果，必定会遇到许多的困难、挫折和障碍。在科研工作中，我们要克服遇到的各种困难，要有毅力。成果常常是坚持到最后才能获得的。

成才是长期的过程，从大学本科、硕士、博士到拿到博士学位以后走上工作岗位，往往还要再工作七八年才可以成为该专业领域内的高水平人才，总共需要 15—18 年的时间。只有不断地勤奋耕耘才能有很好的收获。老一辈的科学家勤奋读书、刻苦攻关、严谨治学，是我们学习的楷模。

比如说华罗庚。大家都认为华罗庚是天才，因为他仅仅初中毕业后来就取得了巨大的成绩。其实华罗庚自己的名言是：聪明在于勤奋，天才在于积累。他最高的学历确实就是初中，可是当他在清华做职员的时候，他利用空闲时间去旁听数学系所有的课程，特别勤奋努力。当时很多学者都认为华罗庚是整个清华园最用功的一个人，他不仅能在两年内完成大学数学系课程的学习，而且可以开始做一些不错的研究工作。在此基础上，华罗庚又被推荐到剑桥大学——当时世界上最好的大学做研究工作。一般人到国外的大学去读书是为了拿到一个博士学位，但是他并不注重形式和虚名。因此他利用剑桥大学非常好的学术环境，踏踏实实地从事研究工作，并取得了一系列丰硕成果。在剑桥大学两年多的时间里，华罗庚做出了 11 项非常出色的成果，所以他有时候跟我们开玩笑说，如果想拿博士学位的话，他在剑桥大学可以拿到 11 个博士学位。

以上这些事例，主要是说明从事科研工作就要有这样一股精神，有这样一种气节，就是把你的全部精力都用在科研工作上。

与 20 世纪 50 年代比较，现在发生了巨大的变化，那时候新中国刚刚建立不久，现在我国已经成为世界上第二大经济体，在国际上我们有举足轻重的地位，但是我们还要看到很多不足之处，比如我们的科技水平不够先进，高端人才还相当缺乏。同时我们要继续努力，使我们的经济和各项事业都要成为世界上的领跑者。所以在座的同学要看到国家的需要、事业的要求，要感受到自己的责任。我衷心祝愿在座各位不断地努力，经过学习科学知识和从事科研工作成为各方面高水平的专家和人才，为祖国、为学术、为人类做出自己宝贵的贡献。

杨　卫

为学有道　为人有德
——与青年朋友共勉

　　研究生的学术研究过程讲究亲力亲为，对所研究的每一个环节，哪怕是相对次要的环节，都要确保其精确可靠。

　　对你们研究工作哪怕是只占次要地位的一项工作，也一定要千方百计将其做好。

　　千万不能在学术上游戏人生。

杨　卫　1954 年 2 月出生，中共党员。现任浙江大
学教授，中国科学院院士，发展中国家科学
院院士、司库，美国工程院外籍院士，曾
任浙江大学校长，国家自然科学基金委员会
主任。

固体力学专家，从事断裂力学、细观与纳米力学、力电
耦合失效等领域的研究。在断裂力学领域，参与核压力容器
结构完整性的研究，提出了 J-T 双准则评定方法。证明界面
裂纹扩展可超越下瑞利波，激发了超高速界面断裂、超剪切
断层扩展乃至超音速断裂的研究。在细观与纳米力学领域，
提出细观塑性理论，发展了连续介质力学与分子动力学之间
的跨层次算法，促进了多尺度力学的研究。提出电致断裂、
畴变增韧、畴变电致疲劳模型，形成力电失效学的系统理论。
推动微纳卫星的研制，组织了"清华一号"卫星的研制。近
年来提出 X-Mechanics（交叉力学）的概念，推动在超高强
度金刚石和可耐极高水压的软体机器鱼方面的进展。

曾获何梁何利基金科学与技术进步奖、国家自然科学奖
二等奖等奖项。

学术界，尤其是自然科学学术界，是一个具有不断自清洁能力的场所。仰望星空的人，应该将科学道德奉为至上宝典。国人所称的道德来自先秦思想家老子的《道德经》，其中的"道"指的是宇宙万物自然运行的规律与人世共通的真理，而"德"是指人的德行、品行。在科学道德方面，学术界对其研究者们是十分苛责的，一旦逾越红线，只能出局。我作为一个科学之路的同行者，一位学术机构的管理者，以自己切身经历的管理实践，以"为学有道，为人有德"为题，与在座的年青研究者共勉。

为与这一主题相呼应，我先同年轻的朋友们分享一下本人在科学之路的求索经历。

我从小在北京清华园长大。"文化大革命"开始那年，我年仅 12 岁，是初一的学生。未足 15 岁时，我已经到陕北延安地区插队落户。我大部分的中学知识是在陕北窑洞中，每晚在昏暗的煤油灯下，自学完成的。1973 年我在陕北老乡的推荐下上了西北工业大学，是一名"工农兵学员"。读了三年大学，毕业后我自愿到江西省的一个国防工厂的锻压车间工作。一年半后我成为清华大学的年轻教师，当时 24 岁。随即考上"文革"后的第一届研究生。生活经历固然坎坷，但

杨卫 为学有道 为人有德——与青年朋友共勉

127

是我的母校清华附中并不因为我只上过一年学就不给我补发毕业证书；我的母校西北工业大学并不因为我是工农兵学员，每门课都未经考试，而拒绝为我开出我申请赴美留学所需的成绩单；我所在的力学界也不因为我是学"打铁"出身而看不起我。在生活的道路上，你可能会跌宕起伏，经历挫折，爬起来继续努力。在学术之路上，你也可能历经风雨，终见彩虹。但学术界对于科学道德的缺失，对于学术不端行为是绝不宽容的，没有"引以为戒""下不为例"的概念。我想在这一语境下，从我近年来学术管理的实践上，从以下四方面给各位新进入学术殿堂的学子们加以忠告：

不要侵犯他人的知识产权；

不要接受陌生人的帮助；

不要在学术上投机取巧；

不要在学术上游戏人生。

下面用切身经历的案例予以说明。

一、不要侵犯他人的知识产权

同学们可能对知识产权的概念不甚明确。社会上，看盗版碟、买盗版书，似乎在所难免；学校里，做作业、写读书报告时也常有网上参考、同学间参考一下的现象。但学术界是一个讲究规范的地方，各种学术出版物具有原始记录性，记录了知识产权。在我曾经担任校长的浙江大学发生过这样一件事：有一名高年级学生，本人好学勤奋，学习之际亦参与科学研究，但因为对知识产权的概念不清而遭受了其学术人生的重大挫折。这位同学参加一次国内的专业会议，他事先阅读了大量的文献，发现一位美国学者的工作很有见地。在会议上，当主持人请他发言时，他侃侃而谈，介绍了那位美国学者的工作，引起国内同行学者的兴趣，请他将会议上的发言，写成文章供大家参考。于是他写了一篇中文文章，相当于一篇以该学生署名的读书报告，文章中写明是介绍这位美国学者的工作，并给出了引文出处，随后便是对该引文的大段翻译，并摘引了该文的图和表格数据。会议成功举行后，会议组织者便想将会议文集印刷为有 ISBN 标准书号的会议录，并征求各位写稿人的同意。我们这位同学就稀里糊涂地同意了。那位美国学者的一位中国学生回国访问时看到了这本论文集，也看到了这篇文章。他马上就以其侵犯他导师的知识产权给学校写了投诉信。按照学术界的规矩，正式出版的有书号的专业会议录记载科学前沿的跃动，不能有以他人署名的介绍性文章。即使是以那位美国学者来署名，也要事先征求他的同意。

对于我们这位大学高年级学生来说，他既没有介绍文章的署名权，也没有将其从英文译成中文的翻译权。他这样做属于学术失范。学校给了他"记过"的行政处分，在他刚踏上学术之路时，就跌了一个大跟头。一直到 5 年后，这位学

生在截然不同的另一个命题领域完成博士学位论文后，校学位委员会也还要煞费周折地讨论如何能够取消他的"记过"处分。

同学们，知识产权的概念是广义的。一篇已经发表的论文，不仅数据、图表、最终公式、科学结论等属于知识产权，如何描述、展现其科学成果的文字也是知识产权；不仅实质进展的章节是知识产权，引言、方法的叙述也是知识产权；不仅别人的论文是不能侵犯的知识产权，自己写的文章在后文中未加引用便重复使用也算是"自我剽窃"，或侵犯了期刊或出版社的知识产权。在《自然》期刊上，曾经刊登过浙江大学学报编辑的一篇来信，讲到在该刊近几年审稿的 5000 多篇来自世界各地的投稿文章中，有 31% 的投稿与已发表的论文有 30% 以上的重合度。在这些重合中，大多为两种情况：一是在引言、方法等章节与前人的描述相重合，二是在一些章节与作者本人或同研究组的工作相重合。这样有重复的文章一旦发表出来，对作者来讲便是一把悬在其头上的达摩克利斯之剑，你的学术声誉随时都可能因为他人的举报而毁于一旦。

二、不要接受陌生人的帮助

青年人在学术生涯的初期，可能在书写英文论文、撰写基金申请书上遇到困难。这时，有的人可能在网上或通过手机短信，收到"好心的"陌生人的信息，讲可以为你们润色英文，修改基金申请书。同学们，千万不要接受这种陌生人的帮助。我所工作的国家自然科学基金委员会（以下简称"基金委"），每年要受理十几万份基金申请书。从 2013 年开始，我们主动地采用相似度比对的算法来检查所有的基金申请书，即与库里所存的获批准基金申请书进行比对。当时我们发现重合度超过 50% 的基金申请书有 400 多份，重合度超过 80% 的基金申请书有 40 多份。基金委为此事专门召开了媒体见面会，并通报案例。

在基金申请书高度重合的案例中，有这样一个令人深思的案例。湖南某大学的一位申请者与福建某大学的一位申请者的基金申请书高度相似（整体相似度为 97.1%），但两位申请人的求学、工作、生活之路并没有发生交叉。那么，又是如何发生这种"抄袭"行为的呢？

一位当事人余某说，基金申请书初稿完成后，为了提高和完善，他在网上找到一位"润色公司—网上专家"，并通过 QQ 将材料发给他。当获得"专家"修改过的基金申请书后，余某通过银行柜员机汇了 5000 元辛苦费给"专家"。另一位当事人彭某说，申报项目时，感觉自己压力很大，没准备好基金申请书。在这紧要关头，有位自称刘治邦的人，给他发信息说可以提供基金申请书，且通过率很高。通过一番讨价还价，双方达成条件：交 1800 元，可以阅读基金申请书；如果满意，决定使用该申请书申报基金项目，再交 1000 元；如果最终成功获得资助，再交 18000 元。

我们可以设想一下：当涉世不深的研究者余某把自己的基金申请书发到网上请人"修改"时，其修改后的申请书就存在了该润色公司的网库里；当另一位研究者彭某在网上请求同一领域的申请书时，该润色公司又辗转卖给了他。这种"网上专家"是没有诚信可讲的，一份申请书可以卖给多人，结果就是这些青年研究者的学术生涯葬送在自己的一念之差上。一旦东窗事发，终生就不能再有学术生涯了。

请"专家"修改基金申请书是如此，论文润色又何尝不是呢？当一些青年研究者把自己科研方面的处女之作送到网上请"专家"修改润色时，有多少文章会被这些"专家"卖给其他需要论文的人呢？这些内容重复的文章，就像一颗颗定时炸弹，毁掉一批批初登学术殿堂的新人的学术人生。

三、不要在学术上投机取巧

研究生的学术研究过程讲究亲力亲为，对所研究的每一个环节，哪怕是相对次要的环节，都要确保其精确可靠。我国著名科学家竺可桢先生说过"科学精神就是只问是非，不计利害"的精神。达尔文讲过："科学就是整理事实，从中发现规律，作出结论。"请注意，他说的是忠实地记录、整理事实，而不是"臆想"，更不是"捏造"。

2010 年暑假，我在西藏旅游期间，突然接到我校医学院段树民院长的短信，讲到该院邵逸夫医院的一篇论文投稿正在受到核查，后果可能很严重。事情经过是这样的：施普林格出版集团旗下的一份医学期刊收到邵逸夫医院的一篇投稿。审稿人觉得其中一幅图似曾相识，经过核查后，发现该图是一篇已经发表的论文的窃图，且内容张冠李戴。审稿人旋即将此发现报知期刊主编。而期刊主编，一位日本学者，一面写信给段院长，同时又与施普林格出版社联系，请求在该出版社一千多种期刊中全面拒登来自浙江大学的任何投稿。我得知此事后，立刻与施普林格出版社联系，承诺严肃处理，并指出不能因一人造假否定一个单位；并要求段院长与该主编联系，保证处理结果让他们满意。问题的调查过程倒是十分顺利，作者们对犯错误的事实供认不讳。论文的第一作者是一位刚取得博士学位的临床医生，医术不错，当时已经是副主任医师。他想早日转为副教授，需要学术成绩。在科研工作接近完成后，想投机取巧，不做最后一组实验，而转用一幅已经发表的论文的截图来顶替。文章写好后，他打电话给其博士论文导师，一位诊疗任务很忙的名医，他向前导师描述了文章的内容，请其作为通讯作者。这位前导师未经把关就署了名。鉴于这种造假行为，学校解聘了这位年轻的副主任医师，同时对那位年长的名医给予记过处分，并在两年间令其停招学术型博士。施普林格出版社和期刊主编都来信称赞了学校的处理，当事人所在的邵逸夫医院则与梅奥医学中心共同组织了论坛来加强管理，争取此后杜绝这一现象。

我想对在座诸位说的是：对你们的研究工作哪怕是只占次要地位的一项工作，也一定要千方百计将其做好。细节决定成败。千里长堤，也可能毁于蚁穴。

四、不要在学术上游戏人生

同学们，年轻人喜欢上网看看新鲜事，喜欢打游戏，有时候还可能有恶作剧心理，但大家要切记：千万不能在学术上游戏人生。

这里给大家讲述一个我亲身经历、亲手处理的学术不端事件。我是一份期刊《复合材料科学与技术》的亚太区主编，每年要处理约 300 篇论文投稿的审理。2013 年 2 月，我收到一篇源于印度的投稿，涉及铜基体碳纳米管复合材料。我邀请两位审稿人进行审查。第一位来自中国的审稿人的意见是重大修改，而第二位来自欧洲的审稿人的意见是拒稿。我们这份期刊是复合材料领域影响因子最高的学术期刊，退稿率很高，因此我作为洲区主编作出决定——退稿。两个多月后，第二位审稿人给我发来一封电子邮件，称其最近收到另一份涉及金刚石期刊的审稿邀请，令其困惑不已。其困惑不仅在于该篇稿件与原先我给他的稿件几乎完全一样，还在于投稿人变了，从印度的研究组，摇身一变为中国某大学的研究组。

我与同事们通过分析，得到下述判断：第一，从投稿时间、写作习惯、图像质量和前期研究基础来看，后一篇是模仿之作；第二，来自中国的后一篇投稿的署名作者的地址一真一假；第三，所列出的联系电子邮件地址与第一位审稿人有语义关系；第四，将后一篇投稿推上爱思唯尔投稿平台的电子邮件与第一审稿人的新单位相同。但即便如此，也还有"剽窃说""帮忙说""陷害说"三种可能。于是，一封以期刊总主编署名的信件在2013年8月递交给了该校的校长。信中写道："因为剽窃论文的投交者、文稿封面上的署名作者单位、通信地址，以及一位上篇被我刊所拒稿件的审稿者均出自贵校，我们建议贵校利用行政权力查出与剽窃有关的人员。"3个月后，我从自己的电子邮件信箱中收到了一封"检讨书"，其中写道：

"尊敬的杨校长：我是……一名青年教师，这次关于CST审稿文章剽窃一事，我承认是我自己所为，与任何人无关。这件事的发生也对CST、DRM期刊的声誉包括学校的声誉产生了非常不好的影响……

我先说明一下这件事情的来龙去脉。今年3月初我无意在一个学术论坛上看到一篇帖子，说的是一个人用一篇审稿阶段的文章改变标题和作者投到另一个期刊，之后在修改阶段，根据审稿意见对文章进行大改（即窃取原文的核心东西重新包装一番），然后将自己添加为作者，后来文章竟然被接收。而就在这个时候我收到来自贵刊CST的审稿邀请，因为审稿文章接近自己的研究领域，所以欣然接受了这次审稿。我当时的确是受到那个帖子的影响，有点鬼迷心窍，竟然头脑发热，将 CST 的审稿文章改变标题和作者投到了 DMR 期刊，后来酿成了不可挽回的大错。……当时（6月份）您向我咨询过此事，我谎称自己邮箱被他人盗用，没能如实向您说明这件事。在这里，我对我不实的陈述向您做深刻地道歉！其实，说句心里话，当时我收到您的邮件我就感觉完了，自己真的'玩火自焚'了。因为我刚来这个学校，还处在试用期，如果这件事让学校知道，肯定对我是解聘处理。因为意识到事情的严重性，我当时就想尽办法推脱此事。正是由于我的不实回应，也让这件事情进一步恶化。直到今年8月贵刊发来邮件让学校调查此事。最终，纸包不住火，我向学校如实交代了这件事情。所以我在这里郑重向贵刊说明，这件事情确实是我一人所为，与其他人……无关，希望编辑部只对我进行处罚。

……

我从这件事情里得到了刻骨铭心的教训，真正切身体会到了'玩火自焚'的道理。这件事情也教育我在今后不管做人还是做事一定要有自己的底线，不要有任何侥幸心理，不要用投机取巧的手法触犯行业规矩。一旦违规，后果是惨痛的。

可是我已经没有退路了，我来到××大学后刚刚成家立业，而我现在已经面临失业，由于自己毁了自己的学术名誉，也不好再找相关工作。我妻子已有身孕，可是我不敢对她说起这件事情。我来自××，一个小县城，家境不好，父母为了供我上学，付出了很多，可是当我经历寒窗 20 载需要回报他们的时候，却做了这样的傻事，我对不起我的父母、我的妻子。我……到现在也有 8 年的科研经历了。在这期间我付出了很多心血，也有一些收获，但是由于我的过失，我将自己之前的基础毁于一旦，我可能没机会再做科研了。我需要再寻出路，因为我还要报答我的父母，养活我的妻子和未出生的孩子。

……

最后希望贵刊和爱思唯尔旗下的所有期刊越办越好。"

同学们，这个案例告诉我们，真是"天网恢恢，疏而不漏"，在学术上千万不要游戏人生。我们对科学的奥秘应该有好奇心，但对学术界的准则千万不要有好奇心。我们还听说过，即使是有些学术巨匠，在年轻时也有个别学术上不够清白之处，而当他们做出重大学术贡献时，人们有时会原谅其年轻时的"瑕疵"，而不予揭露。即便如此，当这些学术巨匠在学术荣誉的高峰之巅来忆其一生时，他们也会因年轻时的"失误"而终生懊悔，内心充满恐惧，无法达到功成名就的安详。我最后用一段马克思的话来结束我的报告，"在科学上没有平坦的大道，只有不畏劳苦沿着陡峭山路攀登的人，才有希望达到光辉的顶点。"

薛其坤

胸怀理想　追求卓越
做一个学风严谨的科学工作者

只有追求极致，你才能得到最漂亮的数据；只有最漂亮的数据，才能得到同行尤其是竞争者的高度认可和尊重。

我们一定要坚守科研道德的底线，就像坚守做人的道德底线一样！绝不能越雷池半步！

薛其坤　1963 年 12 月出生，中共党员，物理学家，中国科学院院士，南方科技大学党委副书记、校长。

主要研究方向为扫描隧道显微学、分子束外延、拓扑绝缘量子态和高温超导电性等。在 *Science*、*Nature* 子刊、*Physical Review Letters* 等重要国际学术期刊上发表文章 500 余篇，被引用超过 2.3 万余次，应邀在国际会议上做大会、主题、特邀报告 180 余次。

曾获国家自然科学奖一等奖 1 项、国家自然科学奖二等奖 2 项、第三世界科学院物理奖、陈嘉庚数理科学奖、求是杰出科学家奖、何梁何利基金科学与技术成就奖、未来科学奖"物质科学奖"、菲列兹·伦敦奖、全国创新争先奖等奖励，入选"国家特支计划"杰出人才。

首先，请允许我以一位普通研究生导师的身份，对在座的同学们实现读研理想，并开始从事科学研究表示最热烈的祝贺！今天，我有幸在庄严的人民大会堂和各位同学进行交流，要衷心地感谢中国科学技术协会的盛情邀请。

我今天的报告题目是"胸怀理想，追求卓越，做一个学风严谨的科学工作者"。我的报告分为 4 个部分：量子反常霍尔效应、个人科研经历与体会、舍恩学术丑闻与启示、对同学们的一点建议和期望。

一、量子反常霍尔效应

处于量子霍尔态的电子就像高速公路上的汽车一样，在各自的跑道上"一往无前"地前进着，说明这种芯片能耗很低。我们的研究团队在一种全新物理概念的材料——磁性拓扑绝缘体中，发现了这个重要的物理效应，在美国物理学家霍尔于 1880 年发现反常霍尔效应后，终于实现了将其量子化的愿望。

值得高兴的是，从 2014 年 8 月开始，日本东京大学、美国加州大学、美国麻省理工学院、美国斯坦福大学和美国普林斯顿大学等很多国际顶尖的实验室，先后重复了我们的实验结果，验证了量子反常霍尔效应的存在。这意味着，"量子反常霍尔效应"这个物理学名词将会永恒地被载入物理学的发展史。

二、个人科研经历与体会

我和潘建伟院士都在40岁多一点时就被增选为中国科学院院士，在座刚入学的同学肯定马上就会有一个反应：我的人生可能不像吴孟超先生那样的坎坷，一定非常的顺利。其实，我之前的学习和工作经历非常的坎坷，比如，我考研究生考了3次才被录取，现在的研究生直博是5年，我读研7年才拿到博士学位。现在回想起来，好像正是由于经历了这些坎坷、经受住了研究生阶段残酷的锻炼，如今才会如此的顺利。

如果要把我的个人成长经历做个总结，谈点亲身体会和经验教训，我觉得以下几点可以供同学们参考和借鉴。年轻的同学要懂得厚积薄发，要一步一个脚印、脚踏实地跟随着自己的导师练好基本功，特别是刚刚开始从事科研工作的时候，一定不要急于求成。另外，通过自己的成长过程，我深深地感受到以下几个方面也非常重要：第一，要永远抱有积极乐观、不畏困难的生活态度；第二，要逐渐树立精益求精、追求极致的科研作风；第三，要始终抱有敢于创新、实事求是的科学态度；第四，要具备团结友爱、互相尊重的道德风尚；第五，还要拥有胸怀理想、追求卓越的远大志向。

下面我就通过我亲身的经历，具体谈谈这几点。

作为沂蒙山区的农村孩子，我很幸运在恢复高考后的第四年（1980年）考入山东大学。一切好像很顺利，但是没有想到人生很快就遭受到挫折，就是刚才我提到的，考研究生考了3次才成功。经过这个坎坷或者小的挫折以后，我于1987年9月来到首都北京，到中国科学院物理研究所读研究生。我也没有想到，迎接自己的是人生道路上的第二次挫折，就是刚刚我提到的7年读研究生的坎坷：5年后（1992年），还有一年就要毕业时，大部分同学都在总结数据，撰写博士论文，准备考虑毕业了。但是那个时候，我还没有得到可以供撰写博士论文的哪怕一组有用的实验数据，更谈不上来北京之前自己的梦想——做一名优秀的科学家了。而且当时，我可爱的儿子已经4岁了，在整个求学的过程中，我几乎没有尽到一点做爸爸的责任，当然家庭也是非常的拮据。

峰回路转，生活再次出现转机。在国家改革开放的大好形势和导师的热忱帮助下，1992年夏天，我得到了一个中日联合培养博士生的机会。这样，我于1992年6月26日来到了位于日本仙台（一个美丽海滨城市）的日本东北大学金属材料研究所，完成博士学位后两年的学习。说起仙台，在座的各位应该非常熟悉，鲁迅先生曾在那里学过医，研究所旁边就有鲁迅先生的故居。这个研究所是国际材料界最好的研究所之一。当时，我想尽管前面 5 年非常的坎坷、不顺利，但是我一定要好好珍惜这个机会，利用这里先进的实验条件，好好努力，努力完成博士研究，像传说中的前辈一样作出突出成绩，起码回来跟导师有一个非常好的交代。

然而没有想到，等待自己的是极其残酷的"7-11"的巨大挑战！"7-11"意味着每天早上 7 点必须到达实验室，每天晚上 11 点后才能离开实验室，每天只有 6 个小时的睡眠时间，每周必须工作 6 天以上。结果，吃了中午饭以后，脑子就昏昏沉沉的，人就困得一点精神也没有，当然也就没有精神、没有心思认真学习、做试验了。这种不习惯、不适应主要来自国内有午休的习惯。而且，那时我的英语听说能力很差，几乎听不懂别人说的英语，别人也几乎听不懂我说的英语。初来乍到，一些基本技术要从头学起，更不用说操作复杂先进的仪器，所以常常犯错、遭受白眼，从别人的眼色中就能看到蔑视。原来觉得自己是一个优秀的大学生，也是个优秀的研究生，到了这里什么都不是，自尊心经常受到无情的打击。没有尊严的生活，可以说是度日如年！再加上举目无亲，第一次到国外，到一个陌生的地方，没有亲人，没有朋友，想家，非常的想家！好多次想放弃，好多次晚上看着西边天上的星星，想着星星下面的家乡和自己的孩子，实在坚持不下去了。

故事讲到这里，如果说前面的坎坷是小的坎坷，那么这次我遇到了人生最严峻的考验！还能挺得住吗？还有必要在这里受洋罪吗？同学们，当你们碰到这种几乎自己不能战胜的坎的时候，应该怎么做呢？让自己稍稍冷静，冷静下来后再认真思考一下。同学们也可以这样思考：好像问题都出在自己身上，和别人没有任何关系。你英语不好，为什么别人的英语就很好，都能非常流利的交流呢？你不会操作仪器，为什么别人就会呢？你不适应这种"7-11"的生活，为什么别人就能一直投入那么大的精力在工作呢？所以在一次次的冷静思考中，我开始不断鼓励自己，不断给自己加油，不断增强自己战胜困难的信心。

在这种克服困难、适应艰苦环境的过程中，不知不觉地，英文能听懂了，能说了，能说得很流利了；敢摸仪器了，能独立操作仪器了，在改进仪器方面有自己的想法了；也开始熟悉自己所在的研究领域了，知道自己研究领域的重要问题了，也能抓到自己研究的重点了；能独立思考设计实验、进行初步的研究了。在不知不觉中，刻苦变成了习惯！

这种冷静思考、乐观向上就变成了战胜困难的法宝！在这种坚持下，1993年下半年，我的研究终于取得了好的结果，而且是很重要的结果。我在一个非常小的方向上取得了成果，这是第一个以自己为主完成的研究成果，发表在物理学最重要的期刊之一《物理评论快报》（*Physical Review Letters*）上。所以经过多年的努力，一次一次的曲折，一次一次的克服，最后生活才慢慢地进入了状态。大家可以想想，真是不顺利，真是很难，差一点就放弃了。

■ 积极乐观、不畏困难 ■

今天和同学们分享的第一个体会就是积极乐观、不畏困难。就是在这种"7-11"的艰苦生活中，我熟练地掌握了扫描隧道显微镜的实验技术，主要利用它从事量子物理和纳米科学方面的研究。回国以后，我也非常重视精密实验技术的发展。比如，我的实验室第一个把 MBE+STM+ARPES 3 种精密实验技术结合在一起，并成功将其用于拓扑绝缘体研究。目前，国际上有 10 多个实验室在模仿我们，建造类似的系统。就是这台独具特色的仪器，在量子反常霍尔效应的发现中发挥了关键作用。

研究量子反常霍尔效应的第一步也是最关键的一步，就是制备出高质量的拓扑绝缘体材料。顾名思义，拓扑绝缘体首先必须是绝缘体，不导电。这意味着材料中，每 100 万个原子中最多只能有一个杂质。基于雄厚的实验技术，我们在国际上首先解决了这一难题。

实现量子反常霍尔效应的第二步仍然是制备材料，即制备出绝缘的、具有磁性的拓扑绝缘体材料，这一步更加困难。要使材料具有磁性，必须要把材料中掺入磁性金属，如铁、钴和镍等导电性很强的金属。不掺金属都很难做到绝缘，掺入导电性好的金属后要做到绝缘更是难上加难！同时，我们还要保证不破坏材料的拓扑结构。这就如同要求一个人同时具有短跑运动员的速度、铅球运动员的力量和体操运动员的灵巧，其难度可想而知。美国、德国、日本等国的顶尖实验室，由于无法让材料中同时满足这 3 点，而未取得最后的成功。

我们团队，历时 4 年，先后有 20 多位研究生参与，生长和测量了超过 1000 个样品。探索的过程异常艰难，几个月甚至更长时间才能克服一个困难，霍尔电阻增加一些，就能向目标推进一步。实际上这还不是最难的，最难的是其不确定性：在结果没有出来之前，没有人敢保证这个效应肯定是存在的。我们自己也不知道选择的材料体系是否正确，而且即使道路正确也可能永远达不到终点。功夫不负有心人，凭借着这种顽强的坚持和追求极致的精神，最终我们实现了反常霍尔效应的量子化，即霍尔电阻等于 h/e^2，对应的电阻值是 25812Ω。

◤ 精益求精，追求极致 ◢

今天和同学们分享的第二个体会就是：精益求精，追求极致。人的一生非常漫长，总会遇到坎坷不顺。这个时候，你需要找一个支柱，把自己的精神支撑起来，并逐渐养成积极乐观、不畏困难的生活态度。顺利时，要再接再厉、乘胜前进；坎坷时，要不屈不挠、逆水行舟；痛苦时，要思考快乐；快乐时，要不忘痛苦。学会正视歧视和偏见，学会迎接鼓励和赞扬；成功时不洋洋得意，失败时不颓废放弃；正确处理自己的短处，有效发挥自己的优点。总而言之，你要永远以积极乐观的态度对待人生、追求理想。

只有在精益求精、追求极致的过程中，你才能逐渐树立严谨的科学作风，养成正确的科学态度；只有这样得出的数据，才能经受得起别人特别是竞争者的检验，经受住历史的考验；只有追求极致，你才能得到最漂亮的数据，只有最漂亮的数据，就像女同学爱美一样，才能得到同行尤其是竞争者的高度认可和尊重。只有这样，才能让你真正享受到科研探索自然奥妙的乐趣……

团结友爱、互相尊重

我要和同学们分享的第三点是：团结友爱、互相尊重。回顾量子反常霍尔效应的发现过程，之所以能取得成功，很大程度上源于我们拥有一个协同创新、配合默契的攻关团队。我的体会是：致力善以待人，致力与人和睦相处（团队精神）；尊重师长，也尊重幼小；尊重领导，尊重同事，也尊重下属；尊重自己的合作者，也尊重自己的竞争对手；尊重一切与你交往的人，团结一切与你交往的人；善于看到别人的长处／优点，善于容忍别人的短处。

只有团结友爱、互相尊重，才能找到最好的合作者，合作效率就越高，互相促进的程度也越高，当然取得重要成果的概率也越大。

另外，我还要特别提一下，我们和著名理论物理学家张首晟教授的合作。他是美国斯坦福大学教授、清华大学千人计划教授，是同龄人中国际上最优秀的物理学家之一，也是量子反常霍尔效应理论的主要提出者。在理论与实验的合作过程中，我们结下了深厚的友谊，现在仍有非常密切的合作。

尽管我们精益求精，实事求是，但是在发现量子反常霍尔效应后，国际上不断有质疑的声音出现：数据为什么这么干净、漂亮？这种质疑直到 2015 年我们的结果通过了多个国外顶级实验室的验证，才彻底消失。如果一个重要的发现没有被别人独立验证是非常危险的。大家都知道，韩国"克隆之父"黄禹锡在 2005 年捏造实验材料中卵子的数量，11 个干细胞中有 9 个是不存在的。2014 年，日本理化学研究所的小保方晴子发表的有关刺激获得触发多能性的文章中，存在捏造、篡改等学术不端行为。所以科学研究的本质决定了我们决不能造假，决不能捏造、篡改数据。否则，一旦被揭露，就会失去学术生存的空间！

三、舍恩学术丑闻与启示

接下来，我想讲一讲过去 50 年来物理学界最大的学术不端行为——舍恩学术丑闻。

1970 年，舍恩（Schon）出生于德国，很年轻。1997 年，他在德国拿到了博士学位，研究方向是凝聚态物理和纳米科学，和我本人的专业非常相似。而且他当时的几个重要发现，正是我现在除了量子反常霍尔效应，另一个高温超导研究的方向，非常近的方向。所以我对他的物理学背景非常熟悉。他博士毕业以后，就到美国著名的贝尔实验室（世界一流的实验室）做博士后，后来就做研究员。2000—2001年做博士后不久（不到两年的时间），他就在《科学》上发表了9篇论文，《自然》上7篇。他之所以能够引起大家的注意，不仅仅是因为他能在这么短的时间内，在很有名的杂志上发表多篇论文，主要是因为这些结果非常的重要。

他的研究成果被报道以后，很多世界上顶尖的实验室都认为这些结果非常重要，要尽快重复这个实验，争取在这个方向上取得新的发现，但是没有人能够重复他的实验。再仔细看看他文章里面的图，发现在3篇毫不相关的论文中，舍恩使用了完全相同的图，甚至在不同实验、不同温度下的噪音都是完全一致的。结果大家重复不出来实验结果，数据也有问题。

2002年5月，贝尔实验室邀请美国斯坦福大学教授比斯利（Beasley，一个高温超导专家）成立了一个调查组。调查发现，他没有实验记录本，没有原始数据。舍恩解释说："计算机内存不够，原始数据都被删除了，所有样品都已被扔掉或者已经不能用了，有些图是画图软件画的……"经过一系列的调查，发现他存在严重的问题！而且问他的合作者，合作者都不知道他的这些数据是怎么来的。2002年，贝尔实验室把他开除了；2004年6月，康斯坦茨大学撤销了他的博士学位。

2002年，《自然》（*Nature*）杂志上发表了他的一篇文章，是一篇关于有机高温超导的论文。让人震惊的是，文章投稿日期是 7 月 26 号，8 月 17 号就被接收了，不到一个月的时间。原因就是这个结果，其超导转变温度已经达到 100 多 K，远远高于 77K 的液氮温度，"真是一个重大的突破"！这就是很多人认为他很快就会获得诺贝尔奖的原因。他在《自然》上发表的最后一篇文章，也是高温超导方面的，主要图片全是示意图或者用计算机软件画的图。可以说，他在一步步走向疯狂。与他的做法完全相反，他的合作者还是严谨的科学工作者。在撤稿声明中他们强调：他们可以保证样品的质量，随时可以提供高质量的样品供大家重复实验。

下面我们分析一下舍恩学术不端的根源。最可能的原因是贝尔实验室的竞争压力大，要想一举成名，就需要解决大问题，寻求更好的想法。在实验有一定迹象，又认为自己的好想法似乎正确的情况下，为了尽早发表抢占先机，就利用夸张或修改数据的手段造假。其中有一个侥幸心理就是，既然想法正确，虽然实现很难，但是别人就有可能会按照这种思路做出来，证明自己的想法是正确的。只要文章被接受发表，就可以引起同事和同行的关注，当然还包括高度的赞赏，甚至获得相应的荣誉和利益等。舍恩不但欺骗了同事、同行和编辑，而且似乎把自己都欺骗了，忘乎所以，居然将数据造假扩展到其他体系，最终导致没有退路，走上了学术不端的不归路！

这里，我跟各位同学分享重要的一点，也是学术不端行为最沉痛的教训：我们一定要坚守科研道德的底线，就像坚守做人的道德底线一样！绝不能越雷池半步！要珍惜自己的数据和成果，如果你把它修正了，就不能维护自己数据的纯洁了，更谈不上权威了。所以建议同学们：从科研的第一天起，就要坚守这种基本规范，不需要想其他的。做社会调查要严格遵守规范，做实验就要坚守科研的操作规程。

四、建议和期望

要杜绝这种现象，建议在座的研究生同学们，从做科研的第一天开始，一定要严格遵守基本的科研规范，比如，做好实验记录（记录所有重要的实验条件，以便别人能重复）；存好原始数据，并做好备份；正确地进行数据的处理、分析和制图。在提交论文时，首先要保证自己能重复实验/分析，即保证在同样条件下，任何实验室都能重复。同时在数据使用分析中，不能故意挑选你认为有用的数据，要客观对待。

建议大家：先学会做人。做人的底线是诚信，要求我们不欺骗合作者、不欺骗同行、不欺骗自己！

科学研究的本质是认识自然和社会的基本规律，这就必然要求科研工作者实事求是，坚守诚信，把诚信当作和生命一样重要。如果我们是有理想、有抱负、有责任感的人，我们一定不会心存侥幸想着蒙混过关。

最后，我衷心希望同学们能胸怀理想，追求卓越。大家知道，我们国家发展面临着很大的挑战，以前靠效率式、成本式的发展已经难以延续，开发式、引进式这种引进、吸收、消化的发展方式也举步维艰，资源式发展受限于环境压力的影响，高新技术式发展始终落后于发达国家，自主创新之路尚未完全开启。国家在"十三五"（2016—2020年）时期的最大特征是经济发展进入新常态，最大挑战是能否跨越"中等收入陷阱"。尽管我们国家是GDP大国，但我们应该深刻认识到我们创新的质量、科技的含量、经济的质量都是比较低的。在这样的形势下，对创新的要求更加突出，对创新型人才的要求更加突出。

但是同样，我们国家的创新驱动发展也面临着重大的历史机遇。习近平总书记说过："青年最富有朝气，最富有梦想，青年兴则国家兴，青年强则国家强。"如果以2050年为时间节点，这个关键时期实施创新驱动发展的主力军就是像在座各位一样的年轻人。到时候，我们国家强大不强大，社会进步不进步，人民富裕不富裕，能不能实现四个全面的目标，完全取决于你们这一代未来30多年的表现。所以时代在呼唤你们，国家和人民在呼唤你们。

希望在座的同学们静下心来好好思考一下：你的理想是什么？你的历史担当是什么？作为最优秀学子中的一员，你能否承担起历史赋予你的使命和责任？如果在这样一个框架下，你想做一个科学工作者，就绝对不会想到去做假。

回到今天的报告主题，我希望同学们胸怀理想、追求卓

薛其坤　胸怀理想　追求卓越　做一个学风严谨的科学工作者

越，做一个学风严谨的科学工作者。衷心希望同学们能胸怀理想，发扬爱国奉献、追求卓越的精神。努力学习，踏踏实实掌握科研的基本功，严格遵守科研规范，严守科研诚信和道德底线，逐步树立严谨的学风，使自己成为一个优秀的科学工作者。只有这样你才能不负使命，在追求个人美好生活的同时，能为国家、为美好的中国梦做出应有的贡献！

我的报告就到这里，预祝同学们学习顺利，生活愉快，谢谢大家！

潘建伟

梦想与责任

科学本身不是一种简单的谋生工具，而是我们的一种责任。

我们做科学研究的时候，不要太功利。从源头开始，把基本的原理搞清楚，再慢慢地发展出有用的技术，这样才会对我们的社会经济带来巨大的推动作用。

我想如果你有了梦想和责任，学术不端的问题肯定就不存在了。因为有了梦想之后，即使遇到了困难，你也能够比较好地去坚持。

潘建伟　1970 年 3 月出生，九三学社社员，物理学家。中国科学院院士，中国科学院量子信息与量子科技创新研究院院长，中国科学技术大学常务副校长。

长期从事量子光学、量子信息和量子力学基础问题检验等方面的研究工作，是该领域有国际影响力的学者，特别是在量子通信、多光子纠缠操纵和冷原子量子存储等研究方向上做出了系统性创新贡献；在 *Nature*、*Science*、*Nature* 子刊、*PNAS* 和 *Physical Review Letters* 等重要国际学术期刊上发表论文 180 余篇。

曾获欧洲物理学会菲涅尔奖、欧盟 ERC 研究奖、国际量子通信奖、兰姆奖、美国科学促进会纽科姆·克利夫兰奖、美国光学学会伍德奖、墨子量子奖、蔡司研究奖、国家自然科学奖一等奖、未来科学大奖物质科学奖、香港求是科技基金会杰出科学家奖、何梁何利基金科学与技术成就奖以及中国科学院杰出科技成就奖等国内外荣誉奖项；2018 年，被党中央、国务院授予"改革先锋奖章"。

首先，非常感谢中国科学技术协会给我这次学习的机会。刚才，我已经享受了两位院士的精神大餐。其实，我觉得每一位同学如果能够把吴孟超院士（以下简称"吴老"）和薛其坤院士（以下简称"薛院士"）所讲的东西真正领会，带回去，那么将会受益终身。今天报告会的主题是科学道德和学风建设。我的理解要从两个问题出发：我们为什么要做科学？为什么要有责任心？我愿意举一个例子：我曾经做过一个梦，梦见外星人来攻打地球。在梦里，只有我和我的儿子驾驶飞行器去撞击进攻地球的东西，才能拯救地球。在梦里，我跟我的儿子去执行这个任务，我是很高兴的。当然，作为一名科学家，我热爱和平，爱我的祖国，爱地球，爱这个地球上所有的同胞。

我想先来谈谈对于"科学家的责任是什么"的理解。在中国科学技术大学读本科的时候，我曾经读过美国物理学会首任会长亨利·奥古斯特·罗兰的《为纯科学呼吁》。前面写得都很好，但是其中有这样的一段话："我时常被问及纯科学与应用科学究竟哪个对世界更重要。为了应用科学，科学本身必须存在……中国人知道火药的应用已经有若干个世纪了。如果他们能用正确的方法探索其特殊应用的原理，他们就会

潘建伟　梦想与责任

在获得众多应用的同时发展出化学，甚至物理学。因为只满足于火药能爆炸的事实，而没有寻根问底，中国已经远远落后于世界的进步，以至于我们现在只将这个所有民族中最古老、人口最多的民族当成野蛮人。"我当时看了之后，就非常的不高兴。但这也说明了，他对纯粹科学的呼吁是非常重要的，如果我们不从事科学研究，特别是基础科学研究，确实会遇到很多很多的问题。这就是我们为什么要搞科学研究，对于中国科学家来说，这一点尤其重要。

接下来，让我们一起来回顾一些数据。清代中国是一个经济大国，国民生产总值占世界经济总量的 30% 以上，这个比例比我们现在还多。然而，在当时的西方，因为瓦特发明了蒸汽机，后来在此基础上发展起来了统计力学、热力学理论，再后来麦克斯韦尔建立了电动力学，已经进入了工业革命的时代。这么一来，尽管我们当时是一个经济大国，却遭受了西方列强百余年的侵略。中华人民共和国刚成立时，国民生产总值只占世界经济总量的不到 5%。这些事例说明，光靠经济的发展是不能保护我们的人民，不能保护我们的国家的，还需要科技事业的进步。

刚才，吴老讲了他的经历。当然，吴老会在科学的高峰上继续攀登和探索。他的经历跟中国好多老一辈科学家相似，如严济慈、茅以升、叶企孙等。尽管那时这些科学家在竭尽全力地为中国科技事业的起步做着他们的贡献，但是那个时候仅仅靠他们的努力，还是没办法让祖国足够的强大，以阻挡西方列强和日本对我们的侵略。

我有幸参加了 2015 年 9 月 3 日纪念抗战胜利 70 周年的阅兵仪式。习近平总书记讲到，在第二次世界大战和抗日战争期间，中国牺牲的人口大概是 2500 万。我后来查了一下，日本在中国战场上的伤亡大概只有 80 万。我觉得其中一个重要原因是他们有比较高的科技水平，所以可以随意侵略我们的国家；而我们因为科技不发达，就没办法保护我们的人民，没办法享受自己的经济成果。

在这里我想说的就是，非常感谢中华人民共和国成立后从国外回来的很多科学家。在他们的努力之下，中国研制成功了原子弹、氢弹，还发射了卫星。这里我想引用邓小平同志的一段话："如果 20 世纪 60 年代以来，中国没有原子弹、氢弹，没有发射卫星，中国就不能叫有重要影响的大国，就没有这样的国际地位。这些东西反映一个民族的能力，也是一个民族、一个国家兴旺发达的标志。"也正是因为老一辈科技工作者为国防事业做出了巨大贡献，中国才会在改革开放之后，有一个非常稳定的、和平发展的环境。所以我们应该为这些"两弹一星"的功勋科学家感到骄傲。

1987 年，我很荣幸地来到中国科学技术大学（以下简称中科大）学习。中科大设立的初衷就是为"两弹一星"培养尖端人才。这里汇聚了当时一大批顶尖的科学家，包括严济慈、赵忠尧、钱学森等，这些科学大师也能够近距离地给学生们上课。我们学校的一个校训就是培养"又红又专"的科学家。

赵忠尧先生是我们学校近代物理系的首任系主任。他是所有华人科学家里最早实地观摩过原子弹爆炸的人，他深知核武器对国家安全的重要性。1949年，当他得知中华人民共和国成立时，就用自己的积蓄购买了很多加速器的器件，踏上了回国的征程。但是途经日本的时候，因为朝鲜战争的爆发，他就被台湾当局拦下来了，告诉他只有3个选择：一个就是去美国，一个是去中国台湾地区，第三个就是在日本坐牢，反正不能回中国。赵先生当时要返回祖国的信念非常坚定，说："我就在日本坐牢。"后来，赵先生几经磨难，终于将加速器带回国内，并亲自指导学生做实验，为我国核物理的发展做出了重要贡献。赵忠尧先生在他写的《我的回忆》里讲了这么一段话："回想自己的一生，经历过许多坎坷，唯一希望的就是祖国繁荣昌盛、科学发达。我们已经尽了自己的力量，但国家尚未摆脱贫穷与落后，尚需当今与后世无私的有为青年，再接再厉继续努力。"我看了之后很感动。这段话后来被放在我们实验室进门正面的墙上，实验室的同事和学生每天都会看到。

给我带来了深刻影响的还有另一位科学家，我们学校化学物理系的首任系主任、"两弹一星"元勋之一的郭永怀先生。20世纪60年代，他因为飞机失事不幸遇难。在整理他的遗体时，发现他和他的警务员紧紧地拥抱在一起，尸体都烧焦了。大家搞不清楚他们两个人抱在一起干什么呢？把他们的尸体分开之后，发现他们是为了保护从基地测量回来的珍贵数据。正因为中国有这么一群爱国的科学家，我们今天才能够拥有一个非常稳定的、和平发展的环境。总而言之，我们老一辈科学家为了祖国的繁荣昌盛已经做出了杰出的贡献，那么我们现在的科技工作者要做什么事情呢？我们现在的科学道德需要注重些什么呢？

尽管在改革开放30多年以来，中国的经济得到了巨大的发展，但是科技对社会经济发展所做的贡献，还是远远不够的。总的来说，我们仍然较多地依赖劳动密集型产业，掌握在自己手里的核心科技还不多。所以才涌现出了像王选、师昌绪这些老先生，他们都希望通过促进科技的发展，来转变中国经济的发展方式，优化经济的结构，改变"出口一亿条裤子来换一架飞机、出口一火车衣服来换一皮包芯片"的困境。

我想说的是，今天在座的每一位同学（也包括我自己在内）其实是担负着很大的使命。科学本身不是一种简单的谋生工具，而是我们的一种责任。有了这样的责任之后，我为什么还要去造假，为什么还要不诚信呢！我觉得这些问题都是可以解决的。刚才，薛院士讲得很好，就像在他后面的总结里讲的：因为我们有一个伟大的理想——让祖国每一位公民都过上好日子，才来做科学的，这是我的一点理解。

根据我前面的理解，我是比较坚定地选择把科学作为我的梦想。我的梦想主要关于量子科学方面的研究。我觉得刚才吴老讲得很好，一辈子干一件事情就够了。我从上大学开始到现在也干了 20 多年，也是一直都在做一件事情，就是希望能够实现对量子世界的主动调控。

为了帮助大家理解量子科学的基本内容，我在这里先简要介绍一下量子力学的基本原理。刚才，薛院士对量子也做了一些介绍。量子是构成物质的最基本单位，是能量的最基本携带者。它的一个基本特征就是不可分割性，就像不存在半个电子、不存在半个原子一样。

微观粒子跟经典世界的物质有很不一样的性质，比如，在经典世界里信息的基本单元是 0 和 1，就像猫的死和活这两种状态。非常有意思的是，在微观世界里，粒子不仅可以单独处于 0 和 1 的状态，还可以同时处于 0 和 1 两个状态的相干叠加。那么，量子叠加状态在物理上怎么实现呢？例如，光子就是光能量的最小单位，光子在真空中以每秒 30 万千米的速度在传播。在传播的过程中，它会在垂直于传播方向的平面上振动，这叫偏振。我们可以把沿水平方向的偏振叫作 0，沿竖直方向的偏振叫作 1。那么光子沿 45 度方向的偏振，就是处在 0+1 的相干叠加状态。这种叠加态会导致产生测不准原理。也就是说，在测量量子的状态时，量子两种状态的相干叠加会不可避免地对测量结果产生干扰。这样就会导致我们无法对一个未知的量子态进行精确复制。

随后，爱因斯坦对量子叠加做了更加深入的研究。当时爱因斯坦就思考：既然一个粒子可以处于 0 和 1 的相干叠加状态，那么两个粒子是不是也可以处于 00 和 11 相干叠加的状态呢？这就是所谓量子纠缠的概念。关于量子纠缠，我可以打一个比方。我在北京，吴老在上海，我手里拿一个骰子，送给吴老一个骰子。我在北京做一个实验，扔完我手里的骰子之后，每次都会以 1/6 的概率随机得到 1 ~ 6 的结果之一。同时，我也让吴老猜猜我手中的结果。非常有意思的是，因为吴老手中的骰子每次扔出的结果跟我每次扔出的都一样，所以他可以很容易地猜出结果。我们把这样的状态就叫作量子纠缠态，用爱因斯坦的话来讲是"遥远地点之间诡异的互动"，或者用不太严格意义来讲，有点像心灵感应。

但是爱因斯坦认为这个结论是不可能成立的，他认为，遥远地点之间怎么会有这样一种诡异的互动呢？这跟相对论相矛盾。在此基础上，1935 年，爱因斯坦等人提出了一个非常基础的问题：量子力学本身是完备的吗？到底是不是对的？但是当时由于实验条件不够完善，所以在此后的几十年里，大家都只能从哲学角度上展开争论。直到 1964 年，有一位叫贝尔的物理学家说："我可以对这两个粒子作一组特殊的测量。"根据爱因斯坦的观念，这个测量结果应该不能超过 2，量子力学则预言它最大会等于 $2\sqrt{2}$。因此，爱因斯坦的问题终于可以从实验上进行检验了，这就是贝尔不等式。贝尔不等式后来被诺贝尔物理学奖获得者约瑟夫森评价为"物理学自相对论和量子力学发现以来的一个最重要的进展"。随后，美国、法国、奥地利的多位科学家都对此进行了大量的实验研究，都验证了量子力学的正确性。当然，它还存在一些漏洞，需要我们进一步的研究。

虽然这些研究看起来跟我们的国家安全和经济发展一点关系都没有，但是非常有意思的是，在进行量子力学基础问题的实验检验过程中，人们发展和掌握了对单个量子的状态进行人工制备的技术，对多个量子的相互作用进行主动操纵的能力。因此，一个新的学科——量子信息就诞生了。20 世纪 80 年代，该学科的理论开始有进展；20 世纪 90 年代，实验开始有进展，为解决现代信息科技进一步发展所面临的重大问题提供了全新的解决方案。

为了让大家能够理解我们工作的意义，我先介绍一下信息科技目前面临的两个瓶颈。第一个就是计算能力瓶颈。摩尔定律表明，在单位面积集成电路上，可容纳的半导体晶体管的数量大概每 18 个月就会增加一倍。按照这个速度估计，再过不到 10 年，晶体管的尺寸就达到了原子的大小。到达原子尺寸之后，就进入了微观世界，按照我前面介绍的量子叠加原理，0 就不再是 0 了，1 也不再是 1 了，而将处于 0+1、0-1 这种非常奇怪的叠加状态。也就是说，半导体晶体管原来的计算规则将不再遵守经典物理学的规律了，半导体的晶体管将不再可靠。所以目前大家都在考虑：未来的计算机应该是什么样子的？这是第一个问题。刚才薛院士也提到，目前的超级计算机的功耗是巨大的，每年的电费都要花掉几千万，这种巨型计算机的发展道路也是不可持续的。

另外一个大家也非常关心的是信息安全的瓶颈。"棱镜门"事件发生之后，斯诺登就披露：大量的芯片后面是留有后门的。比如，美国生产的一些芯片，中国台湾地区生产的U盘等都可能有内置木马，可以对我们的终端进行窃听。如果我们把终端和服务器都掌握在自己的手里，通信网络用专网能不能保证信息安全？其实，早在10多年之前，美国海军就实现了对海底光缆的无感窃听。也就是说，我们从终端到服务器，再到传输的线路上，到处存在着窃听和黑客的攻击。传统的信息安全方法就是把信息全都加密，加密完之后再把信息传出去。现在经常采用RSA公钥体系进行加密，但是随着计算能力的不断增加，512位的RSA在1999年就被破解了；2009年，768位的RSA也被破解了；1024位的RSA现在大家也不太敢用了。所以大家就在努力探索下一代的标准密码。但是非常不幸的是，很多之前被看好的下一代标准密码候选者还没投入使用就已经被破解了。例如，"配对密码"2012年就被破解了。这里，我引用一下美国战略和国际问题研究中心的一个报告：网络犯罪每年给全球带来约4500亿美元的经济损失。所以我们现在面临的除了计算能力瓶颈，还有信息安全的瓶颈。

非常幸运的是，基于量子纠缠研究所发展的量子调控技术能够提供量子通信、量子计算与模拟、量子精密测量等新的手段，能够有效地解决信息安全性问题和计算能力问题，同时也能解决测量精度的问题。

在汇报我们的工作之前，我先简要介绍一下量子信息领域 3 个方面的内容。

一、量子通信（量子密钥分发）

为了产生安全的密钥，张三和李四可以先送一些单光子过去。在传送的过程中，他们使用了叠加态。因为这些光子不能被分割，所以窃听者没办法拿走"半个"光子，只能全部拿走，但这样一来接收者就收不到这个光子了，这个光子也就没用了。又因为未知的单光子量子态也不能被复制，对它的测量必然会有噪声，所以如果有窃听，必然会被发现。从理论上来讲，我们可以把这些存在窃听风险的密钥全部扔掉，保留下来的密钥就是安全的，就可以用这组密钥实现信息的安全加密传输。整个过程又称为量子保密通信。

二、量子通信（量子隐形传态）

吴承恩当年写的《西游记》里想象过"千里眼""顺风耳"，现在的电视、手机其实就实现了"千里眼""顺风耳"。对于《西游记》里面"天上一日，地上一年"的想象，相对论也告诉我们，如果飞得比较快，时间就会走得慢。所以在著名的"双生子佯谬"中，宇航员从地球出发以很快的速度进行星际旅行，回来之后，他就比地球上的双胞胎兄弟年轻了。

还有一个更有意思的"筋斗云"，一个人突然在某个地方消失，然后在十万八千里以外的地方出现。在现代科学里，利用量子隐形传态的方法在原理上是允许这么做的，这是量子通信的另一个典型应用。打一个比方，吴老要从上海到北京人民大会堂做报告。如果他的办公室有一台机器，在机器里有很多原子、分子，其中每一个都和北京的另一台机器中的原子、分子处于纠缠态，那么我们对吴老身上的每一个原子、分子和上海这台机器做一个联合测量，这时就可以得到一组数据。把这个数据用无线电送到北京之后，我们就可以对北京这台机器里的原子、分子进行一个操作，结果一个一模一样的吴老就会出现在北京。其实，这就相当于吴老以光速从上海飞到北京了，这可能是将来最迅速的旅行方式。当然，因为人类含有的粒子太多了，每个粒子之间还有各种相互作用，所以这种旅行方式的真正实现还需要很多年的时间，需要很多人包括在座的每一位同学的努力。

三、量子计算

但是，如果是传输几十个、几百个甚至是上万个粒子的量子状态，我们现在的技术已经可以做到。这样，我们就可以利用量子隐形传态的基本操作，来构造一种量子计算机或者量子模拟机。刚才给大家介绍过，一个经典的比特，只能处于 0 或者 1 两种状态之一。进入量子世界之后，除了 0 和 1，还可以处于这两个状态的叠加。如果我有 100 个这样的量子比特，就可以同时存在 2^{100} 个状态的叠加。利用这种叠加性质进行数学运算，它的计算速度原理上会比经典计算机要快得多。而计算本质上就是数据在信息处理网络中"跑来跑去"，所以可以用量子信息在网络里"跑来跑去"的手段构建量子计算机。例如，如果利用每秒计算万亿次的经典计算机来分解 300 位的大数，大概需要 15 万年；如果你有同样运算速度的量子计算机，只需要一秒钟就可以把这个问题解决了，所以量子计算的计算功能确实非常强大。

这里我也愿意给大家介绍一下量子计算在大数据和人工智能领域的应用。大数据是一个什么概念呢？比如，在"9·11"事件发生之后，因为知道了恐怖分子的名字，就可以去搜索他们的银行、通信等信息。结果发现，这些信息都是已经存在美国的情报系统里的，如果反过来去搜索，也是可以知道他们会在 9 月 11 日发动攻击。那么，为什么在 9 月 11 日之前大家发现不了呢？因为在不知道恐怖分子身份的情况下，要从大数据的海洋里把有效的信息提取出来，需要的时间是非常漫长的。我们要把每天产生的大量数据的有效性都提取出来，就相当于求解一亿亿亿个变量的方程组。对于求解这个问题，哪怕使用每秒计算亿亿次的超级计算机，大概也需要 100 年。100 年之后才发现会发生恐怖袭击，那就没用了。但是如果利用万亿次的量子计算机，虽然它的每秒计算速度比超级计算机还要慢 1 万倍，但只需要 0.01 秒就能解决了。所以随着量子计算机的不断发展，我们可以用它来解决很多大规模计算难题，如经典密码分析、气象预报、药物设计、金融分析、资源勘探等；也可以用它来揭示新能源、新材料的机制，如高温超导、量子霍尔效应、人工光合作用……这是我们这个领域的第二部分内容。

四、量子精密测量

前面介绍到，量子叠加的状态 0+1 一旦被环境干扰，就马上会变成 0 或者 1。也就是说，量子状态对环境高度敏感，所以利用量子叠加效应，我们可以构建非常灵敏的传感器。比如，在水下导航的时候，由于无法接收卫星定位的信号，就需要高精度的惯性导航系统。利用目前最好的经典惯性导航装置，根据公开的资料，航行 100 天后的定位误差大概是 200 千米。但是如果用基于量子干涉的量子导航设备，100 天的位置测量误差可以控制在 1 千米以内，这样就可以长时间不用卫星定位了。

我讲这么多量子力学和量子信息的基本原理是想告诉大

家，我们做科学研究的时候，不要太功利。就拿量子信息技术来说，其实它就是从对看起来完全没有实用价值的量子叠加、量子纠缠等基本原理的研究中发展起来的。从源头开始，把基本的原理搞清楚，再慢慢地发展出有用的技术。只有这样，才会对我们的社会经济带来巨大的推动作用。

1996 年，我从中国科大硕士毕业，也是基于这么一个理解，我去了奥地利求学。奥地利是量子力学的发源地之一，所以我就选择去了那里，希望能够在量子科学方面做一些事情。我是 1996 年 10 月到达奥地利的。当时，我老师身后的黑板就是量子力学的建立者之一薛定谔当年用过的。他跟我说的第一句话就是："你有什么梦想？"我说："我的梦想是在中国建立一个世界一流的量子实验室。"因为我觉得量子力学一方面可以用来探索世界的奥秘，另一方面对祖国的科技发展也具有推动作用。所以从 1996 年开始，我就一直从事这方面的研究工作。

我想如果你有了梦想和责任，造假的问题肯定就不存在了。因为有了梦想之后，即使遇到了困难，你也能够比较好地去坚持。我当时也比较幸运，可能略微比薛院士顺利一点。因为我前面理论学得还比较好，比较快地就理解和掌握了实验技术。去了奥地利一年之后，我正好就参与了开创量子信息实验研究领域的工作。当然过程也是比较艰苦的，也是过着"7-11"的生活，可能比"7-11"还要更苦一点，通常都要熬到天亮。我一般都是调整仪器参数到第二天天快亮的时候，开始测数据了，才回到自己的房间睡觉，下午看看数据有没有测好。

1997 年，我们首次实验实现了前面介绍过的量子隐形传态，当时这个工作得到了比较好的评价。后来在《自然》杂志评选近 100 年来 21 篇经典论文的时候，就把它当作一个奠基性（reaching bottom laying foundations）的工作之一。这里面还包括量子力学的建立、相对论的建立、DNA 双螺旋结构的发现等过去 100 年来的重要发现。

从 1998 年开始，每年我都回国进行交流。因为我觉得这个学科比较重要，所以我每年都回来呼吁国内的学者做一些相关的研究。当时确实非常难，那时量子信息在很多人看来还是一个不伦不类的概念。传统研究量子力学的人觉得你去搞信息是不务正业，搞信息的人觉得你是搞物理的根本不懂信息，甚至还有人认为量子信息是伪科学。当时，我国内的硕士导师去申请一个项目，大概就几万块钱经费，也没有申请成功。我们后来被告知他们认为这个项目不靠谱，所以不能资助。一直到了 1999 年，量子隐形传态的工作在国际上得到了比较好的评价。大家觉得原来国际学术界都把量子信息当作是一个新兴领域，我们就开始得到认可了。

所以 2001 年我就回国建实验室了。当时我向中国科学院申请了大概 200 万元经费。当时，白春礼院长还是分管中国科学院基础科学局的副院长。他说："这个人写的预算全部都是买仪器，没有差旅费，也没有人员费，难道他们不需要吃饭，也不需要出差吗？"最后在白院长的支持下，中国科学院基础科学局拨了400万经费，中国科学院人教局也给了我们200万，让我非常感动。当年，国家自然科学基金委员会也给了我们40万经费的支持。有了这3笔经费的支持，我们总算组建了一个团队。

由于时间的关系，接下来我向大家简要介绍一下我们在量子信息领域开展的一些工作。

要实现量子计算的功能，就需要越来越多粒子的相干操纵。所以过去的十几年当中，我在国内做的主要研究就是，不停地把越来越多的光子纠缠起来。从当年的两光子达到了四光子，又达到了六光子。2012年，我们又在进一步提升的高量子和高可信度基础之上，实现了八光子纠缠。所以从2002年到2012年，我们可以说只干了一件事情，就是多光子纠缠的操纵技术。为什么我们能够走在世界的前列？我们也跟薛院士一样，有最好的探测器技术，有最好的电子学技术，也有最好的晶体匹配技术。把这些综合在一起，从2003年开始，我们一直保持着光子纠缠的世界纪录。

有了这些技术之后，我们就把它初步地用到量子计算的算法实现上。比如，2007年我们实现了快速分解质因数的Shor算法。2007年，我们也实现了Grover快速搜索算法。2015年，我们又实现了量子机器学习算法。但是量子比特非常容易犯错误，因为它是0+1的相干叠加状态，环境稍微有一点扰动，它就会发生变化。为了实现有效的量子计算，按照传统的量子纠错方法，每个量子比特的错误发生率就要控制到 10^{-5} 以下，这是目前世界上所有的技术都没办达到的。2012 年，我们发现拓扑量子纠错是个很好的方法，薛院士他们也在从事拓扑绝缘体和拓扑量子计算方面的研究。利用八光子纠缠我们首次演示了拓扑量子纠错，原理上可以把量子比特的错误率要求由以前的每 10 万次发生一次错误，放松到每 100 次发生一次错误，这是目前的技术里可以实现的。这篇文章发表的时候，正好是计算机之父图灵 100 周年诞辰，当时《自然》就把这篇文章选入纪念图灵 100 周年诞辰的专辑。这是我们在基础研究方面做的一些事情。

除此之外，既然量子通信能够用于保证信息传输的安全，所以从 2016 年开始，在有关部门的要求之下，我们也在推动量子通信技术的现实应用。之前，量子通信的安全距离大概只有 10 千米，而且大概每 1000 秒只能传送 10^{-3} 个比特的数据，那是没有实用价值的。2007 年，我们把多光子纠缠发展起来的技术用到了量子通信上，把它的通信安全距离拓展到了 100 千米。之后，我们在合肥建立了首个全通型的城域量子通信网络。有了这些技术之后，我们就从庆祝中华人民共和国成立 60 周年阅兵式开始，为国家的信息安全保障做一些事情了。随后，我们又在政务、金融领域做了一些应用拓展。2012 年党的十八大开幕时，我们的量子保密通信设备已经在北京投入了永久运行。这次纪念反法西斯战争胜利 70 周年的阅兵，我们的装置也提供了信息安全保障。也就是说，在一个城市的范围里，我们已经可以很好地提供量子保密通信的服务。

与此同时我们就想，如果仅仅限制在一个城市里面，量子保密通信的应用是非常有限的。所以从 2013 年 7 月开始，我们就向国家提出建议，建设北京到上海的远距离量子保密通信骨干网，就是"京沪干线"，整个光纤的长度大概是 2000 千米。建成之后，通过与相关应用部门的合作，就可以开展远距离量子通信的技术验证与应用示范，为将来的规模化商业应用奠定基础。

除此之外，像驻外机构、岛屿、移动单位这些光纤不能直接到达的地方，为了实现广域的量子通信，目前我们也在星地量子通信方面开展了一些工作。目前，我们已经完成了星地量子通信所有的地面验证实验。2016 年，我国的量子通信卫星就会择机发射。在这个基础上，我们就可以构建一个星地一体的、广域的量子通信网络，甚至也可以实现地星之间的量子隐形传态。

正因为有前面的这么一种想法，近 20 年来我们一直在做一件事情。经过将近 20 年的努力，在中国建成了可以说是世界一流的量子实验室，我的第一步梦想已经实现了。正如 2012 年的《自然》杂志在评价中国科学家的成果时所说的："中国已经在量子通信领域崛起，已经从 10 年前不起眼的国家，发展成为现在的世界劲旅。"他们预测，随着中国京沪干线的建成和量子卫星的发射，中国在量子领域将领先欧洲和北美。在量子计算机的方向上，中国也在世界上占据了一席之地。我们希望再通过 5～10 年的努力，一方面能够构建天地一体的广域量子通信网络雏形；另一方面针对特定问题的计算能力，量子计算能够超越目前最快的超级计算机。

最后我做一个小结。我觉得自己还是很幸运的，能够在自己感兴趣的领域做出一点成绩，并努力为祖国的科技进步尽一份力。我觉得这是作为一名科研工作者最幸福的感受。谢谢大家！

樊代明.

三千年医学的进与退

　　要知道，关于生命科学发展史的书籍，一个大书柜都装不下，书是看不完的。生命科学史三千年，可以讲十个小时，两个小时也可以讲完。

　　要珍惜难得的社会环境；要用哲学思维思考科学问题；科学要从微观回到宏观。

樊代明 1953 年 11 月出生，中共党员。中国工程院院士、美国医学科学院外籍院士、法国医学科学院外籍院士。曾任中国工程院副院长、第四军医大学校长、中国共产党十四大代表、第十一届和十三届全国人大代表。现任第十三届全国人大教科文卫委员会委员、中国抗癌协会理事长、亚太消化病联合学会会长、世界消化学会常务理事、国际抗癌联盟常务理事、肿瘤生物学国家重点实验室主任、国家消化病临床医学研究中心主任、国家新药临床试验机构主任。

先后承担"973""863"等多项国家重大课题。主编专著128 本，发表SCI论文 700 余篇。

领衔获得国家科学技术进步奖创新团队奖、国家科学技术进步奖一等奖各1项，国家技术发明奖1项。获法国医学科学院塞维亚奖、世界消化病学大师奖、何梁何利基金科学与技术进步奖等荣誉。全国优秀共产党员、全国优秀科技工作者、首批"长江学者奖励计划"特聘教授和国家杰出青年科学基金获得者。

我从小就思考这样的问题："人是从哪里来的？"你可能回答，"我是从陕西来的""我是从河南来的"。不同的人有不同的回答。我问过 5 岁的小侄女，"你是从哪里来的？"她告诉我，是妈妈生的。"妈妈又是从哪里来的？"她说是姥姥生的。"姥姥又是从哪里来的？"她回答是妈妈的姥姥生的。再这么问下去，能问到最后的结果吗？我想问不到。

在很早很早以前，宇宙发生过一次碰撞。整个地球是一片焦土，毫无生机。大约在 38 亿年前，地球上出现了一种物质——磷。磷是组成人体生命的基本物质，有时在坟地会看见很多"鬼火"，那就是磷化氢在燃烧。有了磷，生命就开始了。经过了 3 亿年左右，到了 35 亿年前，地球上出现了大分子。有了这些大分子，生命越来越近了。什么时候出现了生命或是生物还无从考究。人类的历史有多久？大概 400 万年。研究人的科学和研究生物的科学就形成了生命科学，有较全面文字记载的时间约 3000 年。

在 3000 年中，人类对自己、对生物做了哪些研究？我大致从 10 多年前开始，花了至少 10 年功夫，进行了大量的搜集。要知道，关于生命科学发展史的书籍，一个大书柜都装不下，书是看不完的。生命科学史三千年，可以讲十个小时，两个小时也可以讲完。历史发展是不会分阶段的，只是后人的局限性并为了总结，就将历史划分成不同阶段。因此，可以把医学的三千年分为四个阶段，具体如下。

一、公元前 1000 年到公元 300 年的 1300 年

这 1300 年间，国外主要以古希腊为主，西方世界开始了对生命科学的广泛研究。这期间出现了很多人和事，我们起码要记住三个团队。

第一个团队是泰勒斯以及他的徒弟阿那克西曼德和阿那克西曼德的徒弟阿那克西美尼这三个人。这三代人的主要贡献是完全靠累计和总结宇宙现象，将宇宙的组成、地球的组成与生命的起源相联系。这种观察和思维方式启发了很多科学家。泰勒斯一边看天一边走路，掉进一个大坑里，周围没有人救他。我们说"坐井观天"，他是"坐坑观天"，观了三天。可能我们看天看不出什么名堂，但他一看不得了，算出了次年的日食会在什么时候出现，算出了次年会风调雨顺，橄榄会大丰收。第三天，他被人救出来后，把周围所有榨橄榄油的车在冬天都租回来。第二年橄榄果然大丰收，他把榨橄榄油的车再租出去，发了一笔财。真正尝到了"科技是第一生产力"的甜头。

第二个团队由亚里士多德、他的师父柏拉图、他的徒弟和徒弟的徒弟四个人组成。这个团队的主要贡献是把地球的变化与人类的一些基本现象相联系。柏拉图是哲学家，也可以说是古时候的生命科学家。他做了很多贡献，最大的贡献是办了一所学校，这所学校延续了 900 年。学生多时人山人海，少时只有一位学生，就是亚里士多德。亚里士多德在很多领域都有贡献，包括植物、动物的分类学，还有哲学等。他为遗传学也做出了非常大的贡献，他提出的有些观点至今仍没有得到证实或只有部分得到了证实。他说跳蚤是由灰尘变的，这当然是错误的。但他提出的"有性生殖"和"无性生殖"很重要。有些爬行虫，性别随着气候的变化而变化，气温高了是公的，气温低了是母的；有的"蛋"在 23℃ 孵出来是母的，在 32℃ 孵出来是公的，在 26℃ 孵出来公、母约各一半；蜗牛是雌雄同体的，公、母的生殖器官都在一个身体上。人是怎样来的？人一定要有爸爸妈妈才有人类吗？这样的话，那人类将会受到严峻挑战了。据一项研究表明，50 年前男人的精子是每毫升 6000 万，那时生七八个小孩都没有问题。现在每毫升只有 2000 万，所以不育症很多，有的小群体不育症已达 20%。过去把原因统统算在女性身上，实际则不然。精子只有 100 万时就失去生育能力了，照此下去，人类再过 50 年、100 年或 1000 年该怎么办呢？

第三个团队是以盖伦为首的团队。盖伦是古希腊的"医圣"，他把人类对自然的认识与人的疾病相联系。盖伦从 13

岁开始写书，写了 256 本，其中医书 131 本。出版他的书要 12 年，读完也要 12 年。那时和现在不一样，现在写书多数是抄书，那时没地方抄。他的理论和发现"统治"了医学包括生命科学 1000 多年，后人的对错都常以他为准。作为科学家，他身处的时代是那么神秘，在那个神秘的时代，他的观点又是那么科学。他的辞世，标志着整个古希腊医学与生命科学的结束。

中国的生命科学主要是中医学。中医学究竟来源于哪里，现在无从考究。有人说来源于圣人，有人说来源于巫，有人说来源于自然现象。比如，狗受伤了，会找一种草来舔敷伤口；老鼠中毒了，会主动去喝黄泥水，肚子就不痛了。在古时候，人类社会生产力极其低下，刀耕火种，广种薄收，日出而作，日落而息，尽管那样辛苦，还食不果腹、衣不蔽体。医学怎么来？为了填饱肚子，大家什么草都吃。结果发现，有的可以吃，吃了有好处；有的不可以吃，吃了会中毒。抓住动物也吃，而且发现吃肝补肝、吃肾补肾。慢慢地，就有了中医学。

在这漫长的 1300 年间，中医药界也出现了很多人、很多事。尤其是三本书和三个人。哪三本书？基础医学推《黄帝内经》，临床医学推《伤寒杂病论》，药学推《神农本草经》。《黄帝内经》写得很好，现在超过它的著作不多。它提倡的是整体医学，整体考虑一个人，提倡阴阳平衡。什么叫健康？就是要平衡。眼睛一睁一闭，呼吸一进一出，手脚一伸一缩，这就是平衡。有的人很强壮，强壮就是健康吗？有的人很弱，但他身体哪里都弱，保持了一个平衡；有的人很强壮，昨天打篮球打得好好的，突然心肌梗死。所以说，平衡对于一个人的健康来讲，非常重要。如何调节平衡？要靠"金木水火土"五行来调节。阴和阳，阴中有阳，阳中有阴，两者要平衡，要强都强，要弱都弱，各自都不能过强，也不能过弱。

《黄帝内经》讲五脏六腑，和西医是不同的。比如"脾虚"，翻译给外国人听，他们听不懂，"脾"怎么虚呢？中医的脾虚症是指消化功能虚弱而引起的一系列病症。在中医看来，脾是促循环、促消化的，还有免疫作用，是多种功能的表现。五脏指心、肝、脾、肺、肾；六腑含胆、胃、大肠、小肠、膀胱、三焦。但它描述的五脏六腑是不全的，就像消化系统的胰腺，在《黄帝内经》中没有。为什么没有呢？因为人死后，胰腺会自动被消化掉，解剖晚了就看不到了。

《黄帝内经》强调的是整体，生命力是各种各样的细胞、分子相互间作用产生的一种综合反应。有一桶很咸的盐水，如果把猪肉放进去变成了什么？咸肉。如果把一头猪赶进去，出来的会是一头咸猪吗？不是。这是为什么？因为细胞有一种能量，可以抵抗外来物质入侵。就像小孩子挨打，说妈妈你打我屁股吧，做好了准备被打屁股就不是那么疼，如果打的是另外一边，没有做好准备，那就很疼了。

《伤寒杂病论》强调望、闻、问、切，提倡辨证论治，不同的病用不同的药，同一种病有不同的治法。

《神农本草经》记载了365味药，分为上药120种、中药120种、下药125种。上药大补，下药大攻，中药既补又攻。它讲究用药配伍。

这1300年间，要记住哪三个人呢？第一个是张仲景。他做过长沙太守，官当得非常好，后来不当了，因为家族原本有250多人，病死了很多，最后只剩70多人。他回家学医治病救人，果真学成了名医，写成了《伤寒杂病论》。第二个是扁鹊。他曾经做过客栈的舍长（类似今天的客房部经理），广交天下朋友，认识了一位很出名的老中医。于是不做"经理"了，潜心学医，一学就学成了"扁鹊"，写成了《扁鹊内经》和《扁鹊外经》，普济天下苍生。他很有名，但却遭到秦太医令的妒忌，借机将他杀害。第三个是华佗。华佗很有名，他帮曹操治好了偏头痛，曹操要把他留下来做"保健医师"。华佗不肯，他要去给老百姓治病，就被抓起来，后来被杀害了。华佗治病救人很忙，没有时间写文章，在监狱里有时间写了本小书，但没有传下来，狱吏不敢传出去，把它烧了。但有两件法宝传下来了：一个是五禽戏，相当于现在的广播体操。他的一个徒弟练五禽戏，活到了101岁；另一个是麻沸散。在他之前，动手术没有麻药，怎么办？打一斤白酒，患者喝一半，医师喝一半。还麻不住，就请几个人按住做手术。华佗发明麻沸散比西方早了800年。

二、公元 300 年到 1300 年的 1000 年

这 1000 年间，西方生命科学全面退步，几乎归零。为什么呢？政治腐败、社会动荡、宗教崛起、神学流行，科学发展受到严重破坏。而这一时期的中国，临床医学继续发展。中国在这段时期是鼎盛时期，政治清明、社会稳定、科技进步。

这个时期的中医学包括自然科学达到了世界的顶峰，一个是顶峰，一个近零，东西方形成鲜明对比。这个时期的医学事件和医学家讲不完。此处也说中医药的三个人、三本书。

第一个人是王叔和。他有两大贡献：一是把张仲景的《伤寒杂病论》传下来；二是自己写了本书——《脉经》。当时把脉搏分成几十种且有不同组合，切脉可以判断女性是否怀孕，患者是否有心脏病等。有一次，皇帝要考察他们这些医师，把他们叫过去，让一男一女躲在帐子里各伸出一只手，他一把脉，心想："糟了！这是个怪物，一只手是女的，一只手是男的。"他撰写的《脉经》经过阿拉伯传到了欧洲，也传到了朝鲜半岛。

第二个人是孙思邈。他活了 100 多岁，写了《千金方》。他提倡"大医精诚"，意思是如果想要当医师，就要医术高明，不能以挣钱为目的。如果只想着做个手术自己能有多少

钱拿，那肯定治不好人。如果以医术为挣钱工具，要受处罚；如果出现医疗事故，更要受罚。当然，医师当得好，可以进翰林院。

第三个人是苏敬。他是唐朝的药学家，写了《新修本草》。这是中国第一部药典，也是世界第一部，比西方早了800年。

当时的医学家得到了极大的尊重，科学得到了极大的尊重，医学也得到了极大的发展。范仲淹讲："不为良相，当为良医。"就是说如果不去当个宰相，那就做个好医师！

三、1300 年到 1600 年的 300 年

这300年，是西方崛起的300年。因为文艺复兴发生了。为什么会发生文艺复兴呢？一是政治腐败，官逼民反，民不得不反；二是鼠疫流行，有的小国家在几天之内一半的人都因鼠疫而死；三是中国的四大发明传入西方。于是西方医学复兴，出现大量医学科学家，比如解剖学家首推达·芬奇。过去学解剖，不是当画家就是当医师。达·芬奇是个左撇子，写了很多东西，但别人看不懂。还有一位解剖学家是比利时的维萨里，他做了大量的解剖。有个女孩死了，伯父说是中毒，他说不是，是束腰造成的。那时西方的女性要束腰，肚子会越束越小。他说这是长时间血脉不通引起的。这对西方社会产生了重大影响，女性不再束腰，这是一个革命性的变

化。他还纠正了盖伦统治了 1000 年的错误，光骨骼解剖就达 200 多处。他说，人的大腿骨是直的，盖伦说是弯的。人们辩解说盖伦是对的，过去就是弯的，现在直了，是因为人类穿裤子穿了 1000 年，拉直了。盖伦说人类的胸骨是七块，他说只有一块。人们辩解说盖伦那时的人心胸坦荡因此有七块，现在的人小肚鸡肠就只有一块了。维萨里非常气愤，他对学生说，不能相信权威，你们跟屠夫学到的东西比追随权威学到的要正确。后来他受到迫害，连怎么死的都不知道。又比如桑图雷顿开启了代谢学。他发现人吃了那么多，拉出来没那么多，中间的差额去哪里了？为了弄明白，他弄了把藤椅、一杆秤。天天坐在藤椅上吃喝拉撒，称自己的体重。一称称了 30 多年，终于发现人是要"出汗"的，由此代谢学产生了。总之，西方医学在此前 1000 年落后了，却在这 300 年一下子赶上来了。

而当时，我国的医学逐渐走下坡路，但因积淀深厚，也不乏优秀的人才，李时珍就是其中一位。他跟父亲学医，在太医院做医典。他在 33 岁时开始广走群山，遍尝百草，写成了《本草纲目》。又比如，中医用"人痘接种法"预防天花，拯救了世界，成为世界医学免疫学的先驱。16 世纪时，天花流行，如果没有中国的"种痘法"，也许人类就不存在了。西方世界认为，这是一个优秀聪明的民族，他们发明的"种痘法"救了人类。现在的免疫学依然说不清楚"种痘法"的原理是什么。中西方在 16 世纪出现了交汇。

四、1600 年至今的 400 多年

在 16—17 世纪，中外医学形成了"剪刀差"，后来发展的几百年，两者拉开了更大的差距。当时中国的人均 GDP 和英、法、德是差不多的，都是 600 美元左右。但是，第一次工业革命催生了一个强大的英国，中国在"睡觉"；第二次工业革命催生了一个强大的德国，中国还如一头沉睡不醒的雄狮；第三次工业革命催生了强大的日本和美国，中国还在"睡觉"。

就在这一时期，国外出现了许多生命科学家和医学家。比如列文·虎克，他是把医学世界从宏观引到微观的重要人物。他是荷兰的一个小市政官员，没上过大学，也不懂英文。做小官员时却经常跑到大街上去吹玻璃、拧螺丝。就是这个人，发明了世界上第一台真正意义的显微镜。他一生中制作了 400 多台显微镜。他借助显微镜进入了微观世界，观察人的唾液、尿液、精液。遗憾的是，他的一些发现直到两三百年后才被公之于众。

又如达尔文，他的爸爸和爷爷都是科学家，外公和舅舅也是有名的科学家。但达尔文不好好学习，转了很多次学都学不好。他的爸爸生气，说他只配抓老鼠、捉虫子。那时候，英国舰队有个为期 5 年的航行，周游列国，要选 2 名群众去

参加。可惜没有人报名。达尔文说要去。他爸爸不同意，说除非有一个和他一样笨的人把他说服了，就让他去。结果达尔文找舅舅来劝，说反正在家也是抓老鼠、捉虫子，还不如让他出去见识一下。他爸爸就同意了。

去了5年，达尔文悟出了物种起源，"物竞天择，适者生存"的道理。在长期进化中，能够适应环境的变化而变化，就能生存下去。没想到达尔文回家后还是喜欢玩，玩了10年，也不写论文。后来华莱士写出一篇论文，比他还好，尽管华莱士并没参加航行。达尔文开始着急了，就把他的论文扣下来，不发表。后来达尔文的朋友让他也写出来，把他们俩的文章都发在同一本杂志上。就这样，两篇论文都发表了。后来，华莱士提出将这个命名为"达尔文主义"。达尔文很感动，没想到世界上有人受了这么大的委屈，还把自己的东西送给别人。

这400多年，西方的科学就这样迅速发展起来，有很多科学家，不胜枚举。但中国天天讲理论，讲中庸之道，混淆正确与错误的界限，混淆前进与落后的界限，极大地阻碍了科学的发展。这时，外国人开始派传教士进入中国。有一位牧师说，当外国的枪炮举不起中国一根横木时，他用手术刀打开了中国的大门。各种西医的学说、西药开始进入中国，办医院、办杂志、教学生，西医迅速发展起来。现在，有人出来公开反对中医学。人类之所以存在和发展，就是与疾病斗争的历史。中医学使中国人繁衍到现在，你能说它什么都不科学吗？"科学"这个字眼才出现 1000 年，中医学出现了多少年？中医学有自己的理论及标准，若按照西医来判断中医，就像打乒乓球用打篮球的标准来评判。

简要地回顾这 3000 多年的历史，深有体会。

一是要珍惜难得的社会环境。从历史上看，政治稳定、社会繁荣、科技进步对生命科学和医学的发展是非常重要的。

二是要用哲学思维思考科学问题。不是科学才是唯一正确的，哲学可能更高一筹，它揭示所有事物发生的规律和相互间的影响。科学规律只能"1+1=2"。哲学是"1+1＝？"有结果就行。有时，没有结果其实就是结果。比如，两个人吵架是"1+1"，不吵了就是"0"，这结果不好吗？不能只用线性思维考虑所有事情。真理是永恒的吗？世界上没有真理是永恒的。就像我们现在享受的阳光是 8 分钟以前射下来的。人从生下来开始，就是一个不断增生、平衡的过程。人总是会出问题的，只要活得足够长，不因心脏病等疾病出事的话，都会得肿瘤。现在为什么长肿瘤的人越来越多？因为寿命越来越长，长的机会越来越大。长肿瘤的年轻人越来越多，是因为环境污染，肿瘤发病提前了。人类的历史一直都是这样，病毒一来，得病的人死了，不得病的人繁衍开来，成了新的人类。所以要用哲学思维去研究科学，不是简单的"1+1=2"，不是线性的。有人提出科学假设，说蜘蛛耳朵长在蜘蛛腿上。实验是这样的，抓一只蜘蛛放在桌子上，大吼一声，蜘蛛跑了，然后把腿剪掉，大吼一声，蜘蛛不跑了。于是得出结论——蜘蛛的耳朵长在腿上。这是偏执造成的笑话。

三是科学要从微观回到宏观。从列文·虎克把科学从宏观引向微观，人类的研究越来越细。从组织到细胞，再到亚细胞、分子、原子再到夸克，似乎谁做得越细，谁就是最高水平。实际上，西方世界的研究方式已经走到死胡同。什么事情都是研究得太细，最后什么都说不清楚。万诺可以治疗关节炎，没想到会对心脏有影响，只好停药。这就是脱离了实际，事物一定得在某个层次上才有意思，太细就没有意思了。我们提出"整合医学"的理念和实践就是想解决这个倾向，使微观的发现真正为整体医疗服务。

这3000多年，中国有过辉煌，有过衰落，西方世界也是。历史就是这样不断前进，不断重复，需要我们不断去回顾总结，然后再决策。为什么有的人很有远见，而且被证明是对的？那是因为他会分析历史，他知道历史的昨天有可能是我们的明天。所以，我们要抓住现在的大好形势，珍惜现在的社会环境，用哲学的思维，从微观回到宏观，在不久的将来，我们的医学事业肯定能有更好的发展。

李晓红

严守学术道德，弘扬科学精神

学者不应该将科学研究降格为一种职业，等同于一种谋生的手段，弄虚作假，而应该将之视为一种伟大的、为之奋斗终身的事业，把科研本身作为人生追求，不计成败、孜孜求索。

第一，要深入调查，不要闭门造车；第二，要潜心研究，不要走马观花；第三，要大胆独创，不要复制粘贴；第四，要实事求是，不要弄虚作假；第五，要坚守初心，不要半途而废。

开展科学研究来不得半点虚假，也没有任何捷径可言，需要付出艰辛的努力，遵循严谨求实、厚积薄发、循序渐进的客观规律。

李晓红　1959 年 6 月出生，中共党员。现任中国工
程院党组书记、院长。

长期致力于水射流技术及其在煤矿安全工程中的应用研
究，在煤层气开采及复杂煤矿瓦斯灾害防治方面取得了多项
重要研究成果。

曾获多项国家及省部级科学技术进步奖和国际学术奖励。

加强科学道德建设是科技进步的内在要求，正如培根所说："道德哲学是一切科学的目的，是一切科学之王。"学术道德是当前国际科技界乃至全社会共同关注的一个重要话题，也是各位青年学者在未来的学术生涯中应该格外尊崇和重视的问题。

我对遵从学术道德有深刻的体会。近 40 年的学术生涯，使我亲身感受到许多科学家恪守学术道德的可贵之举，同时我也曾目睹了一些学生违反学术道德的事例，而这样的行为确实让我是痛心疾首、扼腕叹息。2015 年，某高校的博士研究生林某在国际期刊上发表了 2 篇学术论文，被查是剽窃行为，后来被学校给予了记过处分。还有一位博士研究生王某在申请博士学位时，有论文伪造数据，存在虚假信息，发表文章以后被期刊撤稿。因为博士论文的数据存在造假，所以王某被学校撤销了博士学位。他们的这些行为给学校的声誉带来了不良影响，也断送了自己的光明前程，后悔终生。

习近平总书记在党的十九大报告中做出了"加快建设创新型国家"的重大部署，提出培养造就一大批具有国际水平的战略科技人才、科技领军人才、青年科技人才和高水平创

李晓红 严守学术道德，弘扬科学精神

新团队。面对"到 2050 年中国将建成世界科技创新强国"这一宏伟的战略目标，年轻人作为祖国未来科技事业发展的主力军、祖国的栋梁，重任在肩，使命光荣。

那么，如何做一位习近平总书记期望的战略科技人才、科技领军人才、青年科技人才？我认为首先要做一位为人品行端正，遵从学术道德，弘扬科学精神，立志报效祖国的人，就是要做一个有灵魂、有血有肉的人。围绕这一主题，我谈三点建议，三个主题的内容概括为三个"红"字：坚守一条"红线"，树立一个"红心"，永做一代"红军"。

一、坚守一条"红线"，尊崇学术道德，坚守学术规范

这条"红线"既是指道德的底线，也是指法律的高线。道德底线是对个人行为的自我约束，是自发自律的行为，法律是从外部对人行为的约束，受外律强制的行为。作为一名科技工作者，首先要从内在坚守自己的道德底线，同时需要外在力量进行约束。德国古典哲学家费希特在《论学者的使命》中说道：学者应当成为他的时代道德最好的人，他应当代表他的时代可能达到的道德发展的最高水平。同学们作为中国特色社会主义新时代的学者，应该代表这个新时代的道德最高水平。

在科学发展的历史长河中，那些伟大的科学家不仅仅因卓越的科学成就彪炳史册，更因他们高尚的道德情操让科学史熠熠生辉。比如，达尔文关于物种起源的论文公之于众的过程，就折射出一位伟大科学家的高尚情操。1858 年 6 月，达尔文收到青年科学家华莱士的来信与论文，希望达尔文提出修改意见并予推荐发表，看完了他的来信和论文，达尔文陷入了极度的矛盾与痛苦中。原来华莱士论文中写的“物种进化论”竟与自己付出了毕生心血且即将发表的研究结果不谋而合。所以达尔文就在想，自己的全部独创性，无论它可能有多么了不起，都将化为乌有。然而他最终战胜了自我，勇敢地向编辑部坦陈了自己的想法，主动放弃了优先权，要求将华莱士的论文公开发表。而编辑部了解情况后裁定“进化论”这个思想是由两个人分别独立得出的。当编辑部来征求华莱士的意见时，华莱士同样体现了一位科学家的实事求是和谦恭的态度，建议以达尔文的名字命名，所以这一理论被命名为“达尔文进化论”。如果华莱士不让步，那可能要重写历史，也可能就是“达尔文 – 华莱士进化论”，所以由此看出他们至高无上的科学道德与品格。

还有一个有趣的例子。马寅初，经济学家、教育家、人口学家，曾任北京大学校长。20 世纪 50 年代，北京大学校长马寅初将自己锻炼身体的经验写成了一篇文章，送到《北京大学学报》编辑部要求发表，结果被主编翦伯赞先生当场退稿，退稿理由是学报是用来和国内外大学同行交流的，你这篇稿子发表后，恐怕影响不太好。马寅初说："那不行，这些都是我通过实践得来的，怎么不是学术？"后来翦先生比较严厉地说："你的稿子有可靠的实验吗？有精确的数据吗？有严格的推演过程吗？这篇文章只是一篇经验之谈，而不是学术论文。"最后，马寅初先生并没有依靠校长的权力来发表这篇文章，撤了稿。马寅初的选择就是对科学道德的遵从和学术规范的遵守。

这是两个正面的例子，但是世界无奇不有，也有人跨过这条"红线"，做出一些违反学术道德、为人所不齿的事情。那么，常见的违反学术道德的形式有哪些呢？有七种常见形式：第一，抄袭剽窃他人成果。在论文、研究报告、著作等科研成果中抄袭剽窃他人的实验数据、图表分析，甚至大段的文字描述。第二，伪造篡改实验数据。在实验数据、图表分析中，随意编造数据或有选择性地采用数据证明自己的论点，影响和误导其他科技工作者。第三，随意侵占他人的科研成果。利用职权在并无贡献的论文或成果上署名，把他人成果据为己有；将通过会议、评审等过程获得的特殊信息和思想随意向外传播；在论文被录用或成果获奖后任意修改作者排序和著作权单位；为了论文顺利发表或成果获奖私自署上知名科学家名字；为了完成科研任务或求得职称晋升，无关工作的同事、同学、亲友之间互相挂名。第四，重复发表论文。第五，学术论文质量降低和育人不负责任。将原本可以用一篇完整的论文发表的科研成果，分为多篇投稿，降低论文质量，破坏研究工作的系统性、完整性；部分教授、博导为完成科研任务招收几十名甚至上百名研究生为自己工作，无法全面有效地教育培养好研究生，造成研究生科研素质的大面积滑坡。第六，学术评审和项目申报中突出个人利益。在与自己没有利益冲突的情况下，尽量抬高对他人的评价，滥用"国际先进、国际领先、国际一流水平"等词语；在与自己有利益冲突的情况下，贬低前人或他人科研成果，自我夸大宣传。第七，过分追求名利，助长浮躁之风。以上这七条就是我们科研工作者坚决不能触碰的"红线"，一旦违反，将悔恨终生，这样的例子不胜枚举。

2017年4月20日，著名出版集团施普林格旗下的期刊《肿瘤生物学》将107篇中国作者论文集中撤稿，引发了国际学术界轰动和我国社会的广泛关注。围绕这一事件，国务院研究部署了"指导意见"，根据"统一尺度、甄别责任、分级处理、有序公布、形成震慑"的原则，国家自然科学基金委员会取消了50多位责任人的自然科学基金项目申请资格1~7年，并撤销了40多项已获得资助的基金项目；各相关高校和医院通过解聘、取消申报科技计划项目资格、诫勉谈话等方式进行了相应处理；中国工程院也暂停了1名涉事作者的院士候选人资格。

韩国科学家黄禹锡的造假事件更为轰动。在世界生命科学领域，黄禹锡一度是一名"巨星"，他于2005年在 *Nature* 上发表了"克隆狗"的成果，后又在 *Science* 上宣布克隆培育出 11 个干细胞系，这一系列"令人震惊"的"成果"，不仅使他获得了"韩国克隆之父"和"最高科学家"的美誉，而且成为"民族英雄"。然而好景不长，对黄禹锡论文造假的质疑，引起各界对"黄禹锡神话"的怀疑。2005 年 12 月，国立首尔大学调查委员会公布他的论文纯属造假，论文所指的 11 个克隆胚的干细胞中有 9 个是伪造的。调查委员会指出，这不是一起单纯的失误，而是蓄意造假的重大事件，损害了科学的基础真实性。黄禹锡在世人面前低下了头，辞去国立首尔大学教授之职。黄禹锡论文造假事件令韩国举国震惊，"英雄"倒下，"奇迹"破灭，民众哗然并陷入痛苦和失望之中。不仅如此，这一事件也给全球科学家敲响了警钟。

这是两个非常有生动代表性的案例，所以，欲修学，先立身。"治学不为媚时语""文章不写一字空"，这是老一辈学者的深刻体会。蔡元培先生也曾说过，"所谓学术，是一种以研究真理为目的的终身事业"。学者不应该将科学研究降格为一种职业，等同于一种谋生的手段，弄虚作假，而应该将之视为一种伟大的、为之奋斗终身的事业，把科研本身作为人生追求，不计成败、孜孜求索。只有这样，才能在处于人生的低潮或者面对外在的诱惑时，始终坚守科学道德，遵从学术规范，坚决做到不越"红线"，保持一种学者的清醒与自律。

二、树立一颗"红心"，心怀爱国之情和科学报国之志

我认为，一个学者坚守"红线"是最基本的要求，还应树立一颗"红心"。这颗"红心"，就是爱国之情和科学报国之志，即你的学识为谁服务？你的志向向何方？一个人能走多远，不要问他的双脚，而要问他的志向。人生要有所成就，在扬帆起航的时候一定要明确正确的前行方向。正如"一棵歪脖子树无论如何也长不成参天大树"。

那么，如何树立一颗"红心"呢？古往今来，那些有识之士、专家学者的爱国之情和科学报国、造福人类的故事，时至今日仍为人们所颂扬。著名的法国科学家巴斯德在祖国被德国占领后，把母校波恩大学赠给他的荣誉证书退了回去。当有人用"科学无国界"来劝说他时，他说："科学无国界，但科学家是有祖国的。"这就是一颗"红心"。我国广大老一辈科技工作者坚守高尚的道德操守，潜心研究，勇于探索，淡泊名利，求真务实，涌现出一大批具有爱国之情、报国之志的优秀科学家，比如钱学森、朱光亚、邓稼先、李四光等，不胜枚举，他们是科学报国的时代楷模，他们用毕生努力实现了爱国之情、强国之志、报国之行的统一，是值得我们学习的榜样。

李晓红　严守学术道德，弘扬科学精神

我国著名的航空地球物理学家黄大年是东北地区第一批国家"千人计划"专家。黄大年于2009年回国，工作了8年，8年间，他夜以继日、不知疲倦地工作。他有一句话很深刻，他说："多数人选择落叶归根回到中国，但是高端科技人才在果实累累的时候回来更能发挥价值，现在正是国家最需要我们的时候，我们应该带着经验、技术、想法和追求回来。中国要由大国变成强国，就需要有一批'科研疯子'，我希望中国追赶的脚步可以快一些！"2017年，黄大年为了国家科学事业奋斗到生命最后一刻。他的事迹也感动了全国。所以，习近平总书记对黄大年同志的先进事迹做出了重要指示："黄大年心有大我、至诚报国，把爱国之情、报国之志融入祖国改革发展的伟大事业之中、融入人民创造历史的伟大奋斗之中。"

2009年，《国家》这首歌中写道："一心装满国，一手撑起家，家是最小国，国是千万家，在世界的国，在天地的家，有了强的国，才有富的家。"这首歌激励了很多人。我于1989年出国学习时，初心就是立志报国，这个初心让我能够登高望远，砥砺奋进！国家派我到国外学习，我很珍惜这次机会，不管是在课堂、实验室还是在现场，我都刻苦工作，所以当时被聘为项目专家。1991年，学校因工作需要让我回国，我谢绝了导师的挽留，没有丝毫犹豫就踏上了回国的路。因为在我的脑海里始终萦绕着这个词——Motherland。什么是祖国？祖国就是母亲所在的地方。生为男儿，当为母亲尽孝；身为公民，当为祖国尽忠。

回顾人生之路，我为自己当初的选择而无悔，因为我深深地懂得：激发我刻苦钻研、持续创新的力量源泉，就是爱国之情和科学报国之志。

当前，我们青年一代站在新的历史方位，肩负实现中华民族伟大复兴的历史重任，一定要坚定这颗爱国报国的"红心"，无论走到哪儿，都要永远记住"祖国"这个词，在心中埋下一颗"红色种子"，系好人生的第一粒"红色扣子"，坚定永远跟党走的决心，任何时候都要将自身命运与国家民族命运紧紧联系在一起，只有如此，方得始终。

三、永做一代"红军"，严谨求实追寻科学真理，坚持不懈弘扬科学精神

马克思说："在科学上没有平坦的大道，只有不畏劳苦沿着陡峭山路攀登的人，才有希望达到光辉的顶点。"所以，开展科学研究来不得半点虚假，也没有任何捷径可言，需要付出艰辛的努力，遵循严谨求实、厚积薄发、循序渐进的客观规律。所以，新时代科技"红军"既应是勇于追求真理的矢志不渝者，也要是弘扬科学精神的坚定实践者。同时，还应是诚信为人的典范，社会良知的引领者。

我们要做勇于追求真理的矢志不渝者。科学家应持有的态度是什么呢？竺可桢院士说了这样一段话："第一，不盲

从，不附和，以理智为依归。如遇横逆之境遇，则不屈不挠，不畏强御，只问是非，不计利害；第二，虚怀若谷，不武断，不蛮横；第三，专心致志，实事求是，不做无病之呻吟，严谨整饬，毫不苟且。"诺贝尔奖获得者屠呦呦教授，是青蒿素研发成果的代表性人物，因"有关疟疾新疗法的发现"获得2015年诺贝尔生理学或医学奖。在数十年的中草药抗药研究当中，筛选了2000余个中草药方，整理640种抗疟药方集，检测了200多种中草药方和380多个中草药提取物，经历了190次失败。在第191次实验中，终于发现了抗疟效果100%的青蒿提取物——青蒿素。她说："一个科研的成功不会很轻易，要做艰苦的努力，要坚持不懈、反复实践，关键是要有信心、有决心来把这个任务完成。科学研究不是为了争名争利，科技工作者要去掉浮躁，脚踏实地！"屠呦呦在寂寞的研发领域和清贫的生活中，不断自我磨炼，对科学虔诚执着、无私忘我，高度体现了一名科学家对真知、真理的不懈追求。

我们要做弘扬科学精神的坚定实践者。岁月因平凡而伟大，事业因执着而非凡，我们高兴地看到有一大批科研工作者用对科学精神的坚定实践给予我们榜样的力量。我国航天事业取得了举世瞩目的成绩，每一次从电视上看到火箭腾空而起、卫星精准入轨的画面，我们都会由衷地为国家而骄傲，可在这骄人的成绩背后，有多少科研工作者夜以继日地开展科研攻关？比如，2011年11月3日01:28—01:36，从"神舟八号"上的对接环触到"天宫一号"对接机构，到两个航天器成功对接，在这几分钟完美对接的背后，却是科研人员16年坚持不懈的拼搏奋斗。他们在1995年就开始对机械对接技术原理进行研究，2011年实现空间的交会对接，16年时间里，经历了无数次失败，但从未放弃，终于成就这伟大的一刻。如果说没有这种不懈努力、不懈追求，没有这种精益求精的科学精神，有一点数据上的差错或有一点数据上的造假，一切将毁于一旦。我们航天人16年艰苦奋斗，代表的是一种科学精神。

安徽大学何家庆教授，为了让贫穷的山区人民尽快脱贫，几次抛家离眷，出生入死，倾全部积蓄，孤身徒步闯荡大别山、皖南山区还有大西南深山老林，把科技送给饥渴的山区农民，用知识的杠杆撬开贫困山区致富的大门，山区的芋农称他为"农民的教授"。他在一次历时305天的西南扶贫行动中，途经了8个省市、108个县、207个乡镇、426个村寨，行程是31600千米，沿途传授魔芋栽培、病虫防治技术，办培训班262次，受训人数逾2万人（57家企业）。他无怨无悔，把自己的积蓄都拿出来了，他没有想获取什么，是用行动阐述了科学研究的目的和意义所在，这也是弘扬科学道德精神。

我们要做诚信为人的典范，诚信是一个人的基本素质，不管国内还是国外，一个人诚信与否对他的一生有重要影响。年轻人要培养实事求是的精神，对人、对社会要有信誉，在学术上更要有诚信，因为科学研究是发现真理、追求真知的神圣事业，真实诚信是科学家从事科学研究的基本准则。

我们要做社会"良心"的引领者。科研工作者应该"铁肩

担道义，妙手著文章"，知识分子应该是"社会的良心"，坚持不懈地传播理想良知、捍卫社会正义、引导社会风气。自古以来，我国知识分子就有"为天地立心，为生民立命，为往圣继绝学，为万世开太平"的治学目标与人文情怀，其实这也是我们各族人民共同的人文精神准则。因此，希望年轻人要像爱惜自己的眼睛一样珍惜自己的声誉，做好社会风气的引领者。

科学研究是一种修行，我们既要不断训练自己的科学方法，也要不断修炼自己的学术道德，磨砺自身的品性。要像长征的红军一样，不畏艰难险阻，牢记初心，不忘使命，成为科技强国大军中的"红军"，成为引领时代发展的"红军"。

为了让年轻一代在科研工作中少走弯路，总结"五要""五不要"包括：第一，要深入调查，不要闭门造车；第二，要潜心研究，不要走马观花；第三，要大胆独创，不要复制粘贴；第四，要实事求是，不要弄虚作假；第五，要坚守初心，不要半途而废。

习近平总书记说："青年兴则国家兴，青年强则国家强。青年一代有理想、有本领、有担当，国家就有前途，民族就有希望。中国梦是历史的、现实的，也是未来的；是我们这一代的，更是青年一代的。""中华民族伟大复兴的中国梦终将在一代代青年的接力奋斗中变为现实。广大青年要坚定理想信念，志存高远，脚踏实地，勇做时代的弄潮儿，在实现中国梦的生动实践中放飞青春梦想，在为人民利益的不懈奋斗中书写人生华章。"

邱　勇

在新时代成就精彩的学问人生

大学阶段是静下来读书、静下来思考的最佳时期，也是所有学生倾心做学问、努力提升学识、培养创新能力、产生创新成果的最佳时期。

要共同维护学术的尊严，用严谨的态度、审慎的目光对待我们的成果，使之对得起我们的良知和公众的期盼。对学术不端行为必须零容忍。

知识和能力都很重要，但更重要的是对真理、公平、正义的追求，对他人、社会、自然的关爱以及勇气、毅力、自信和团队精神等人格品性的养成。完整的人格教育是人的全面发展和社会进步的基础。

邱 勇 1964年7月出生，中共党员。现任清华大
学校长，中国科学院院士，第十三届全国
人大常务委员会委员，第十三届全国人大
教育科学文化卫生委员会副主任委员。

长期致力于有机光电材料与器件研究，研究重点包括有
机半导体材料、有机电子学基础理论、有机发光显示材料和
器件。

2003年获国家杰出青年科学基金资助，2006年入选教育
部"长江学者奖励计划"特聘教授，2007年获全国模范教师
称号，获2011年度国家技术发明奖一等奖。

中国特色社会主义进入了新时代，中华民族迎来了从站起来、富起来到强起来的伟大飞跃。党的十九大提出，从 2020 年到 2035 年，在全面建成小康社会的基础上，基本实现社会主义现代化，到本世纪中叶把我国建成富强民主文明和谐美丽的社会主义现代化强国。党的十九大报告也指出，加快建设创新型国家，创新是引领发展的第一动力，是建设现代化经济体系的战略支撑。优先发展教育事业，建设教育强国是中华民族伟大复兴的基础工程，必须把教育事业放在优先位置。

中国的新时代也是世界的机遇，党的十九大的召开吸引了世界的目光，《华盛顿邮报》有这样一则报道："美国人一直认为美国是世界各国效仿的对象，他们称之为'山巅之城'，现在他们认识到，如今的中国正成为一颗让全世界仰望的'北极星'"。英国广播公司报道，"十九大是一次'站在世界地图前'召开的大会，中国共产党将为世界经济的未来提供新的智慧与方案"。法国前总理德维尔潘在接受记者采访时说，"强大的中国正是当今世界的机遇"。党的十九大的意义和影响超越国界，影响我们所有人，尤其是青年一代。习近平总书记指出，"广大青年要坚定理想信念，志存高远，脚踏实地，勇做时代的弄潮儿，在实现中国梦的生动实践中放飞青春梦想，在为人民利益的不懈奋斗中书写人生华章"。

在这样一个新时代，同学们要把自身发展与时代的责任紧密联系在一起，通过不懈的努力来铸就美好的人生。人生是由一个个的阶段组成的，把握好人生的每一个阶段，才有可能确保生命的质量不断得到提升。你们正在经历的求学阶段非常重要，本科生阶段是为未来的人生做准备的，决定同学们今后会成为一个什么样的人。研究生阶段是为今后事业发展做准备的，决定同学们选择什么职业。每个人在不同的人生阶段都要有相应的目标并付出相应的努力。

一、从兴趣出发，选择有意思、有价值的研究课题

1987 年，我从清华大学本科毕业，获得保送清华大学化学系研究生的资格。那时我被自然界发光的现象所吸引，比如大家最常见的萤火虫，它反映了一种生物体里面的荧光素在酶催化下与氧分子反应并以高效率的形式释放出光子的过程，这是一个绿色、生态、循环、高效的过程。地球上的生物离不开光，人类离不开光，可以说没有光就没有现代生活。这种有意思的发光现象引发了我强烈的兴趣和求知的欲望。

我后来的学术工作都与发光有关。我的博士论文研究与

传感器和化学发光反应动态监测有关，这是一个很有挑战的课题。为了完成博士论文，我自学了光导纤维、光电转换、计算机软件、数据转换采集传输方面的知识，花了 5 年左右的时间才把整个实验系统建立起来。这个过程培养了自己开展学科交叉研究的勇气以及与其他学科师生交流的能力，对我后续的研究工作产生了重要影响。

读研究生时期的另外一个重要收获就是认识到信任的巨大激励作用。导师并不经常询问课题进展情况，但总让我感受到他的信任，相信我一定能够做到。信任与压力一样，都能激发一个人的潜能。我的导师曾经给我赠言："仰不愧于天，俯不怍于人。识时务而不媚，遇艰难而不堕其志。学有所用，乐无涯矣。"导师对学生一生最重要的影响往往在学业之外。

兴趣是最好的老师，但兴趣也需要培养。培养一种真正的兴趣要一定程度的专注。认识事物是一个持续的过程，只有在长期的坚持下，我们才会感悟到事物的真正价值。晋代大诗人陶渊明在《桃花源记》中有这样一段话："林尽水源，便得一山，山有小口，仿佛若有光。便舍船，从口入。初极狭，才通人，复行数十步，豁然开朗。"我们可以把它比喻作学术研究的几个阶段："若有光"是起步阶段，"初极狭"是艰难的探索过程，"豁然开朗"是产生感悟、获得新认识的阶段。同学们初入研究时，大多经历迷茫、挫折甚至丧失信心的过程，只有坚持、执着、不放弃才有可能发掘出价值、意义，才有可能探索出方法、路径，才有可能最终感悟到创新的乐趣。

独立开展科研工作的能力，是在攻克具体的科研难题过程中培养起来的。是否具备独立开展科研的能力首先体现在新的科研方向的选择上。博士毕业留校以后，我在1996年选择了一个新的研究方向——有机电致发光显示技术。这是一种利用有机材料的光电特性实现发光显示的技术。人们可以通过对化学分子的特定设计来控制材料发光性质和半导体性质。这是一个非常有吸引力也非常有价值的研究，同时也非常有挑战性，涉及多个学科，有大量的科学问题也有许多技术问题，是基础研究也是应用研究。

我们在完成材料设计制备、器件设计制备的研究后，建立起学校实验室与企业的紧密合作机制。2008年，我们建成了中国大陆首条OLED大规模生产线。同时，在世界上首次把这样一种新型显示器应用到航天服上。《科技日报》对这项技术评价道："我国在新型平板显示技术领域取得重大突破，由'中国制造'走向'中国创造'"。

很多研究生同学希望做一个有挑战性、有意思的学术研究，也希望把自己的成果转化成产品，以解决国家经济社会发展面临的问题。我想强调的是，学术创新是多方面的，既可以体现在技术的成功应用上，也可以体现在新概念的提出和突破性的发现上。

二、要树立创新意识，更要增强创新自信

　　21 世纪是创新的时代，创新无所不在，创新人人有份。越来越多的人认识到，第四次工业革命和以往的工业革命是完全不一样的，第四次工业革命给人类社会带来的影响和冲击将超过我们的想象。眼前的变化已经让部分人感到惊奇，但十年后可能的变化将让我们所有人感到意外。

　　大学和企业是创新的双引擎，二者相辅相成、互相补充。当前大家都在热议的人工智能要经历三个发展阶段：计算智能、感知智能和认知智能。只有在认知智能阶段，机器才能主动地思考并采取行动。1950 年，曼彻斯特大学教授图灵提出了著名的图灵测试——机器能不能像人一样思考？因此，图灵被称为"人工智能之父"。1956 年，一批高校的年轻学者和业界的专家在美国达特茅斯学院召开学术会议，首次使用了人工智能这一概念。重大原始创新、新概念往往来自大学。大学是社会最安静的地方，可以做面向长远的基础性研究。大学拥有多学科的优势，能够研究复杂问题。大学阶段是静下来读书、静下来思考的最佳时期，也是所有学生倾心做学问、努力提升学识、培养创新能力、产生创新成果的最佳时期。

　　要注重创新意识和创新能力的培养，这也是学校开展创

新创业教育的核心。为此，清华大学构建了创意创新创业教育体系，每年有超过27000人次参与各种活动。大学从事创新创业教育，不是单纯地希望同学们去创办企业，而更看重培养学生的创新意识、创新精神和创新能力。

提前退学创业的特斯拉首席执行官埃隆·马斯克在与清华学生对话时谈到，他不赞同学生提前退学，甚至不赞同多数人离开学校就马上去创业。投身创业的同学必须认识到，创业是一个痛苦过程，绝大多数人很难取得成功。但这也可能是创业本身的吸引力所在。所有的教育包括创新创业教育，目的只能是让受教育者为未来做好准备，引导学生做自己有兴趣而且真正有价值的事情。

要敢于进入陌生领域开展交叉研究。首先要敢于在邻近学科领域开展交叉研究，在学科的交叉融合中拓展自己的学术空间。从邻近学科开始，随着学识的增长和能力的提高，可以进一步在人文、科学、艺术等大跨度的不同领域开展交叉研究。推进文理渗透，打破人文与科学的隔阂，从中启迪自己的思想。

做学问还要有自信，要在文化层面树立创新自信。2015年，我到亚洲协会香港中心以《创新时代的大学使命》为题做演讲。演讲结束后，一位外国朋友提了一个问题，他认为中国的传统、中国的儒家思想是妨碍创新的，中国人不善于创新。我当场回答说：中国的传统思想并不保守，我们推崇在创新中前行；《诗经》云："周虽旧邦，其命维新"；著名史学家司马迁说"究天人之际，通古今之变，成一家之言"，探究自然现象和人类社会之间的相互作用关系，了解社会的历史演变，最终要成"一家之言"，中国文化有创新基因。2012年2月，《人民日报》记者采访我，让我谈获得国家技术发明一等奖的体会。我谈道：要有创新自信，自主创新的勇气和自信是成功的基础，勇气来自产业报国的理想，自信是基于对产业发展趋势的正确认识。创新一定是艰难的，需要自己打败自己。我们经常在怀疑的目光中从事创新，拥有自信是做学问、求创新并取得成就的基础和前提。

三、做研究要捍卫学术道德，对学术不端行为必须零容忍

德国著名的哲学家康德说："有两样东西，人们越是经常持久地对之凝神思索，它们在人们心中唤起的惊奇和敬畏就会与日俱增，那就是我头上的星空和心中的道德律。"科学道德是每一个人在学术活动中必须遵守的行为准则，求真是科学精神与科学道德共同的基本内涵。科学精神是追求真理的理性精神，科学道德是与我们日常所有活动都有关的规则。科学精神的求真、科学道德的求真都要求我们应该用严谨的科学实践，努力做出真实的而且有价值的学术贡献。遵从科学道德是社会的要求，也是科学精神内在的要求。

学术不端行为对学术界伤害极大，严重影响了科学在人们心中的形象和地位。不断发生的学术造假提醒我们，捍卫学术道德是所有人的事情，不仅每个人要去遵从，同时要共同去捍卫。

做学问是很严肃的事情，一定要用严肃的态度去对待。要共同维护学术的尊严，用严谨的态度、审慎的目光对待我们的成果，使之对得起我们的良知和公众的期盼。对学术不端行为必须零容忍。

四、为学和为人是不可分的，为学先为人

为学与为人是不可分的。为学不能受名和利的诱惑。学者的荣誉只能来自学者自身的学术贡献和淡泊名利的学者风范。

爱因斯坦曾说："大多数人说，是才智造就了伟大的科学家，他们错了，是人格。"高尚的人格是成为一名成功科研工作者的必备品质，人格的高度决定学问的高度。那些曾经在人类历史星空中发出璀璨光芒的人，我们能记住他们，不仅仅是因为他们的成就，更因为他们高尚的人格。伟大的科学家居里夫人发明了镭的提纯技术后，很多人都跟她说这个技术会带来巨大的财富，但是居里夫人不为所动，公布了镭的提纯方法。她说，"没有人应该因为镭致富，它是属于全人

类的"。

中国的传统教育一直谈立德树人，古人讲立德、立功、立言三不朽，也是把立德放在首位。《论语》里面也讲："志于道，据于德，依于仁，游于艺。"知识和能力都很重要，但更重要的是对真理、公平、正义的追求，对他人、社会、自然的关爱以及勇气、毅力、自信和团队精神等人格品性的养成。完整的人格教育是人的全面发展和社会进步的基础。

朱镕基总理是清华大学杰出的校友，他在 1992 年还回忆起当时电机系主任章名涛教授的话："你们来到清华，既要学会怎样为学，更要学会怎样为人。青年人首先要学为人，然后才是为学。为人不好，为学再好，也可能成为害群之马。学为人，首先要当一个有骨气的中国人。"

为学先为人，当一个有骨气的中国人，成为一名有高尚人格的人。祝愿广大年轻学子不负时代、不负韶华，拥有精彩的学问人生，成就最好的自己。

黄旭华

使命　责任　担当

　　搞调查研究要随身带上三面镜子：用"放大镜"扩大视野，用"显微镜"摸清它的内容实质，还要用"照妖镜"加以鉴定，去假存真，以免上当。

　　对国家的忠就是对父母最大的孝。有国才有家，没有国那孝从何谈起？

　　毛主席一万年也要搞出来的誓言，我们做到了，不是一万年，也不是一千年、一百年，而是不到十年。

黄旭华 1924 年 2 月出生，中共党员，中国船舶重工集团公司第七一九研究所研究员、名誉所长，中国工程院院士。

———————————————

开拓了我国核潜艇研制领域，中国第一代核动力潜艇研制创始人之一。主持了多项重大技术攻关项目，果断处理了许多重大技术难题。在某次极限深潜试验中，他置个人安危于不顾，作为总设计师亲自随产品深潜到极限，创世界首例。

荣获国家科学技术进步奖特等奖、国家最高科学技术奖、"共和国勋章"和"全国先进工作者"称号等。

　　我是从事核潜艇研制工作的，从 1958 年至今，没有离开过核潜艇研制领域。

　　作为我国核潜艇事业的一名老兵，我可以作证：我国自行研制核潜艇是在一穷二白的基础上起步，在技术先进国家对新生中华人民共和国的严密封锁下自力更生、白手起家，克服种种难以想象的困难，攻克一个又一个顶尖技术难关，从无到有，一步一步地发展壮大起来的。

　　核潜艇不仅是海军战斗部队的"杀手锏"，装备巡航导弹，它是航空母舰和大型军舰的克星；装备战略导弹更是海军核战略的基石，是执行第二次核打击、实施核报复、和平时期遏制国外核讹诈和核威慑的中坚力量。它是"艇、堆、弹"共同拉动的三套马车，是集"海底现代化城市和航海技术、海底机动核电技术、水下导弹的发射技术"三位一体的有机结合体。技术复杂、要求高，综合性强，牵涉面广，是一个国家科学技术和工业生产力的集中体现，是一个国家综合国力的缩影。

　　中华人民共和国成立初期，国民经济在多年的战争中遭到了严重的破坏，还来不及整顿恢复，接着进行抗美援朝保家卫国的战争，原来国民经济、科技和工业生产能力就很薄弱，严格地说，那时是不具备研制核潜艇的基本条件的。我们面临的更大的困难是我们没有核潜艇方面的专业的技术人才；缺乏有关核潜艇的专业知识和技术参考资料，更没有能为我们指点迷津的专家，一切都要靠自己，从零开始。

为了能早日掌握核潜艇技术，突破国外的封锁和核讹诈，国家政府曾寄希望于苏联能给予技术援助。1959 年，国庆十周年之际，苏联共产党中央委员会总书记、部长会议主席尼基塔·谢尔盖耶维奇·赫鲁晓夫来到中国，我国政府再次提出希望苏联能够援助我国研制核潜艇。赫鲁晓夫在回忆录中有这样的话：中国想研制核潜艇，简直是异想天开。对他们这种异想天开，我只能一笑了之。他傲慢地说：核潜艇研制技术复杂，要求高、花钱多，中国没有水平也没有条件研制核潜艇，苏联的核潜艇同样可以保卫你们的国土。他建议同中国建立联合舰队，要求中国提供港口基地供苏联太平洋舰队停泊。毛主席一听非常气愤，说："你们不援助算了，我们自己干。"事后，毛主席以大无畏的英雄气概立下誓言："核潜艇，一万年也要搞出来。""一万年也要搞出来"这句话表达了中国人民有志气、有能力、有决心依靠自己的能力把核潜艇搞出来。

毛主席的誓言气势如虹、掷地有声，激励着广大研制人员下定决心，献身核潜艇事业。为了学习核潜艇的相关知识，了解国外核潜艇的情况和发展趋势，从而更好地制定我国核潜艇的战术技术要求，我们的工作从调查研究入手。首先，集中力量搜集美国第一艘核潜艇和第一艘导弹核潜艇的相关资料。但在浩瀚无边的报刊、杂志上寻找国外保密控制极严的核潜艇资料犹如大海捞针，能够找到的资料往往是掐头去尾、零零碎碎、真假难分的，信也不行，不信也不行，怎么办？形象地说，我们要求研究人员随身带上三面镜子：用"放大镜"扩大视野，一有线索就用"显微镜"摸清它的内容实质，最后还要用"照妖镜"加以鉴定，弃假存真，以免上当。

我们从调查研究中获悉，任何尖端复杂技术，都是在常规的基础上综合发展提高创新的，是常规的集成和提高。这一发现不仅打破了对尖端技术的迷信，更重要的是，我们找到了突破尖端技术的捷径。我国核潜艇的研制，除少数具有特性的设备仪表外，均以国内现有科研成果为基础，不搞新的，既减少矛盾，又争取了时间。

当时，国家还很穷，没有条件或条件不充分怎么办？我们提出"骑驴找马"，驴没有马跑得快，一时没有马怎么办？那就先骑驴上路，一边走一边创造条件寻找。如果连驴也没有，迈开双腿也得上路，争取时间，绝不等待。

拿计算手段来说，哪有今天一秒上亿次的计算机，我们手上只有老祖宗传下来的算盘和计算尺。研制核潜艇的计算量非常大，成千上万个数据，我们就是用算盘和计算尺算出来，然后加以集成，不断调整。为了一个数据经常要动员一批人日以继夜地苦干很多天。为了确保计算结果的准确可信，我们往往分两组或三组同时进行。得到的结果如果你是三，我是五，不是你错就是我错，或是你我都错，就得从头再来，重新计算。直到几个组计算的结果相同，才相信这个结果是

黄旭华　使命　责任　担当

可信的。我们的研究人员硬是咬紧牙关，毫无怨言。

　　为了确保艇建成后，它的实际质量和重心值控制在设计数值范围内，在建造过程中，我们在船台入口处设置一台磅秤，凡拿进船台的设备、器材都要一一过秤记录，施工中剩下的边角余料，剩余的管道电缆，凡拿出船台的，都一一过秤。几年来天天如此，我们称之为"斤斤计较"。这个办法听起来多"土"呀，我们就是用这样的土办法，精确地控制了几千吨排水量的核潜艇的质量和重心值，确保了核潜艇的不沉性和稳定性。

　　我们当时两手空空，没有任何试验手段，甚至连办公的地方都是临时借用的。我们采取的办法叫走出去"种菜"。菜农如果没有自己的土地，或者技术条件差，他可以走出去，借用人家的条件。

　　"地"是人家的，"菜籽"也可能是人家的，我们出劳动力和人家一起开发，一道收获。我们经常有 2/3 的技术人员出去"种菜"，一去就是半年或几个月。我们曾派 200 人的庞大技术队伍到陆上模式堆建设基地去"种菜"，带上艇的总体技术要求，和工地人员共同设计，参与施工和试验，既完善了陆上模式堆的建设，也完善了核潜艇实艇动力舱的设计与安装。

　　世界各国将高新尖端的核心技术，尤其是国防技术，特别是有关核潜艇的技术都列为国家最高级别机密，我国也不例外。记得我刚参加核潜艇研制工作时，领导向我提出三条要求：第一，核潜艇研制工作机密性极高，要准备干一辈子，进来就不能出去，就算犯了错误也不能出去，可以在里面做杂务或打扫卫生；第二，不能泄露单位名称、地点、所从事工作的性质和任务；第三，要默默无闻隐姓埋名，当一辈子无名英雄，出了名不是好事。我欣然地答应了，一定恪守保密的要求。

有的同志问我，一般科学家都公开自己研究的课题，一有成果就抢时间发表，而你们越有成果把自己埋得越深，你能适应吗？你是怎样适应这种特殊要求的。我说，我完全适应，因为保守国家机密是每个公民的义务和责任，何况是核潜艇。

中华人民共和国成立前，我在上海交通大学加入了中国共产党的地下组织，地下党对党员的组织性、纪律性、严守国家和党的机密的要求都十分严格，一有疏忽就有人头落地的风险，我是接受这样的教育成长起来的。

1958 年，我从上海调北京，领导只告诉我出差北京帮助工作，没有告诉我是什么任务。我行李也没带，随身背一个小背包就走。这一走整整 30 年没有回过老家，父母多次来信询问我，你在北京哪个单位？干什么工作？我都不予答复。父亲和二哥病重，我没有回家；他们去世，我也没有回家奔丧。我在家排行老三，父亲直到去世，只知道他的三儿子在北京，只知道个信箱号码，不知道是哪个单位，更不知道我在干什么。同志们劝我向领导请个假，我说不行，我相信如果我向领导反映，领导一定会答应我，但这可能会让领导为难，我还是自己承受吧。

1987 年，上海《文汇月刊》有篇长篇报告文学，题目是

"赫赫而无名的人生"，描写了我国核潜艇总设计师的人生经历。我把这篇报告文学寄给了母亲。听我妹妹讲，母亲戴上老花镜，满脸泪水地反复阅读这篇文章，文章只提"黄总设计师"，没有具体名字，但是提了他的妻子"李世英"。李世英是她的三儿媳，因此母亲肯定，文章里的黄总设计师就是30年没有回家，被弟弟妹妹误解为不要家、忘记养育他的父母的不孝儿子。

母亲虽然肯定他的儿子不可能大学一毕业就不要家，忘记养育他的老父母，但对儿子30年不回家难免有怨言。母亲心痛之余却自豪不已，她把子孙们叫到身边，简单地说了一句话："三哥的事，大家要理解，要谅解。"这句话传到我耳朵，让我30年如山般的重负一下释然，我忍不住哭了，我深深地感谢母亲和弟妹们对我的理解和谅解。

有人问我，忠孝不能两全，你是怎样理解的？我说：对国家的忠就是对父母最大的孝。有国才有家，没有国，孝从何谈起？我虽然没有遵守在父母面前答应要常回家看看的诺言，但我恪守了要严守工作机密的承诺，我相信总有一天大家会理解、谅解我的。

新型号潜艇的研制包括核潜艇和常规动力潜艇，最后都要接受极限下潜深度和水下全功率、全航速航行试验和考验。深潜试验是考核核潜艇在设计极限深度下，它的结构强度，焊接质量及与海水接触的设备、部件、管道、阀门能否承受得了海水强大的压力，所有设备、系统在艇体受压变形情况下能否正常运行。潜艇下潜到极限深度时，一块扑克牌大小的艇体钢板要承受 1 吨多的海水压力。任何一个细小结构，焊接质量或设备、管道、阀门承受不了海水压力，都有可能造成艇毁人亡的悲剧。1963 年，美国王牌核潜艇"长尾鲨号"设计极限深度 300 米，但在深潜试验还不到 200 米时就沉没海底，艇上 100 多名参试人员无一生还。

我国自行研制的核潜艇首制艇，没有一件设备、仪器、材料来自国外，全是国内生产的。这艘由里到外全部由中国人自己白手起家研制出来的核潜艇，能否顺利闯过中国核潜艇研制史上第一次深潜试验大关？参试人员心中无底，思想波动较大。个别人给家里写了信，说要出去执行任务，万一回不来，有这样那样一些未了的事请代为料理，其实就是"遗书"。宿舍里有人哼起《血染的风采》这首歌："也许我告别将不再回来……也许我的眼睛再不能睁开……"弥漫着"风萧萧兮易水寒，壮士一去兮不复还"的悲壮气氛，带着这样沉重的思想包袱去执行极限深潜试验是危险的。

我决定同参试人员对话，听听他们的意见。我对他们说：《血染的风采》是一首很美、很悲壮的抒情歌曲，我也喜欢，作为一名战士，随时随地准备为国家的尊严和安全献身，这是战士的崇高品德。但是，这次深潜任务绝不是要我们去"光荣"，准备去牺牲，而是要我们把试验数据一个不漏的，完完整整地拿回来，我们要唱的不是《血染的风采》，而是"雄赳赳、气昂昂，跨过鸭绿江"那样威武雄壮满怀信心的进行曲。

我告诉大家，我对这次试验的安全充满信心，我们在设计上留有足够的余量，建造过程有严密的验收手续，我们又花了 3 个月的时间对全艇进行严格的质量复查，试验程序是由浅入深的，每一下潜深度在确保应力应变正常情况下，才向下一深度下潜，绝不蛮干。

但是，在这种情况下是否还存在着万分之一的风险？如工作中一时疏忽留下的潜在危险，或存在着超出我个人知识范围、我还没有认识到的潜在危险，说句老实话，我既有信心又十分担心，因此，我决定和大家一道下潜做试验，共同完成深潜试验任务。

好多人劝我，艇上不需要你亲自操作，你的岗位是坐镇在水面指挥艇上，何必下去冒这个险！我说，我下去不仅可以稳定人心，更重要的是在深潜过程中，万一出现不正常现象，可以协助艇上及时采取措施，避免恶性事故扩大。我是总师，正因为危险，我更要亲自下潜。我不仅要为这艘艇的安全负责，更要为这艘艇上 100 人的生命安全负责。

最后，艇员们反映：总师六十几岁了，能和我们一道做试验，那不是夸海口的。艇长和政委说，他们做了 3 个月的思想工作，越强调任务光荣，人的思想越乱，今天总师的一席话，把棘手的问题都解决了。

试验进行得非常顺利，人们坚守在各自的岗位，全神贯注，只有艇长下达任务、艇员汇报操作，测试人员报告应力应变实测数据的声音。巨大的海水压力使艇发出巨大的"咔咔声"，听起来确实令人毛骨悚然。

试验结束，艇上浮到 100 米安全深度时，全艇突然沸腾起来，大家互相握手、拥抱，甚至激动地哭了。深潜试验圆满成功，艇上《快报》要我题几个字，我不是诗人，但一时兴起，题写了一首打油诗：

> 花甲痴翁，
>
> 志探龙宫，
>
> 惊涛骇浪，
>
> 乐在其中。

"痴"和"乐"两个字是我和核潜艇研制战线的同志献身核潜艇研制工作的人生写照。"痴"是痴迷于核潜艇，献身核潜艇无怨无悔；"乐"是乐观对待一切，工作与生活再艰苦，苦中求乐，乐在其中，"乐"是主旋律。

潜艇靠上码头时，码头上锣鼓喧天、鞭炮齐鸣，一片欢腾景象。海军码头是禁止燃放鞭炮的，这是一次例外。

我国自行研制的核潜艇，1965 年正式立项进入型号研制设计阶段，1968 年开工建造，1970 年下水，1971 年完成系泊试验进入航行试验。1974 年 8 月 1 日交付海军。只因为北海水浅，极限深度深潜试验和水下全功率最高航速试验到 1988 年才在南海进行，研制进度之快，在世界核潜艇研制史上罕见。

美国核潜艇的建造分三步走。其首制艇艇体线型采用常规动力潜艇的适合水面航行的普通线型，水下阻力大，机动性差。为了集中力量解决水下高速航行艇型技术问题，他们特建造了一艘常规动力水滴型潜艇，探索适合水下高速航行的水滴型流体动力性能，在两者都获得成功的基础上，才结合研制出水滴线型核动力潜艇。而我们果断地把三步并为一步，一步到位。

美国首制艇的功率是 13400 马力，我们的比它大；美国首制艇的水下最高航速仅为 23 节，我们的比它快；美国首制艇的极限下潜深度是 230 米，我们的比它深；美国核潜艇最长航行自持力的纪录是 83 天零 4 小时，回来的时候还有几名官兵是用担架抬出来的，而我国首批的第 3 号核潜艇，从 1985 年 11 月 20 日到 1986 年 2 月 18 日，通过了 90 个昼夜的自持力长航考验，创造了世界潜航时间最长的纪录。回来的时候，我到码头迎接他们，见到官兵个个雄赳赳气昂昂地跑上码头，没有一个是用担架抬出来的。我高兴极了，高呼：我们拿到金牌了，我们创造了世界纪录。

我国第一代自行研制的核潜艇顺利走完了研制过程。实践证明，其设计是合理的、正确的、成功的，建造质量是良好的，战术技术性能高于美国、苏联首批核潜艇。

外国人有个谜，当时，中国的科技与工业水平比拥有核潜艇的美国、苏联、英国、法国要落后约半个世纪，而且距前沿又远，为什么完全靠自己努力白手起家，既快又好地研制出来？

我国的核潜艇之所以神奇地、既快又好地研制出来，首先是党中央、国务院、中央军委及各级党政的英明果断决策和正确领导；是具有中国特色的社会主义制度的优越性为科技的发展提供良好的条件；是毛泽东主席"一万年也要搞出来"的誓言极大鼓舞核潜艇研制人员的士气，坚定了他们的决心和信心；是全国 2000 多个工厂、研究所、高等院校的科研人员、工人和部队战士齐心协力、密切配合、呕心沥血、顽强拼搏的硕果。

1974 年首艇交艇时，我们总结了研制工作中成功的经验和教训，我们把"自力更生、艰苦奋斗、大力协同、无私奉献"这 4 句话 16 个字归结为"核潜艇精神"，正是这 4 句话 16 个字统一了广大核潜艇研制人员的思想，规定了具体的行动纲领，激励着他们只争朝夕、披荆斩棘、奋勇拼搏。广大的核潜艇研制人员热爱祖国、热爱核潜艇，他们淡泊名利、隐姓埋名、默默无闻，奉献了宝贵的青春年华又奉献终身。

如果要问他们此生有何评述，他们会自豪地说"此生没有虚度"。为什么没有虚度？他们会骄傲地说"毛主席一万年也要搞出来的誓言，我们做到了，不是一万年，也不是一千年、一百年，而是不到十年"。再问他们，此生有何感想？他们会坚定地回答"此生属于祖国、属于核潜艇，献身核潜艇事业，此生无怨无悔"。

这就是他们的人生观，他们的社会主义核心价值观，他们的科学道德观。他们做的每件事、说的每句话都是对"使命、责任、担当"的诠释，都是那么朴实，那么感人至深。他们每个人留下的不仅有光辉的业绩，还有伟大的精神财富！

怀进鹏

弘扬新时代中国科学家精神
汇聚科技强国建设磅礴力量

青年要怀揣梦想，有梦想才有未来。

青年科技工作者、研究生，一定要心怀梦想、砥砺奋进，要把科学梦想、人生梦想与国家的梦想、人民的梦想紧密结合起来，为国家的发展做出贡献。沐浴科学的星光，放飞青春的梦想，励志创新建功，我们就一定能够应对挑战，开创未来。

怀进鹏 1962 年 12 月出生，中共党员，现任中国共产党第十九届中央委员会委员，教育部党组书记、部长，中国科学院院士。曾任中国科学技术协会党组书记、九届常务副主席，书记处第一书记。

计算机软件专家，主要从事网络化软件技术与系统研究工作。先后担任国家"863 计划"计算机主题和信息技术领域首席科学家，为我国计算机和信息技术领域的战略规划、实施和发展做出了重要贡献。

曾获国家科学技术进步奖二等奖、何梁何利基金科学与技术进步奖等。

管理学大师彼得·德鲁克在他的经典管理实践中讲到三位石匠。一名记者采访三位正在工作的石匠："你们为什么做石匠？"第一位石匠说："我要养家糊口，所以做石匠。"第二位石匠告诉他："我要做最好的石匠，将来成为一名石器设计师。"第三位石匠说："我的目标是建造一座大教堂，成为一名雕塑师或建筑师。"10 年后，就这三位石匠工作的状态和能力来看，他们都已经达成了各自的目标。第一位石匠依然在做着石匠的工作，能够养家糊口；第二位石匠成了著名的石器设计师；第三位石匠成了著名的建筑师，设计建造了很多新教堂。

这样一个小故事，大家看后作何感想？正如很多科学家所说，科学是枯燥的，没有兴趣走不进去，走进去了也会淡出来。所以，对事业的追求、对理想和志向的选择是非常重要的。或许，一个人的事业心与执着、荣誉与责任便决定了他人生的高度和长度。

20 世纪有两位著名的物理学家——马克斯·普朗克和阿尔伯特·爱因斯坦。在马克斯·普朗克获得诺贝尔物理学奖那年的生日聚会上，阿尔伯特·爱因斯坦讲了这样一段话：科学殿堂里有三种人，第一种人为了谋取功利；第二种人为了满足兴趣；第三种人为了追求真理。而天使要把前两种人赶走，只留下第三种人。第三种人在追求真理，秉持的是一种理性的批判、科学的精神，所以他在建构自己研究领域的格局和学术框架时，会不断地跃入新的境界。这是追求真理的过程，更是塑造美的过程。

虽然上述两个小故事为我们呈现的内容不同，但都告诉我们，在走向科学、走向研究的过程中应该秉持的一种精神、一种态度，更重要的是指引我们对今后发展的一种志向的选择。这种精神就是当下的科学家精神，这种态度就是明德楷模的精神感召下我们的实践，这种志向就是作为新时代的青年学子、青年科技人员应该具备的使命、担当和责任。

一、当下的科学家精神

什么是科学精神？仁者见仁，智者见智。当然，大家也有一定的共识。我们认为，科学精神的核心是实事求是，科学精神的动力是开拓进取。正是这种求真务实的理性精神，构成了科学精神的内核。

科学精神中至关重要的，是批判与怀疑的实证精神，是大工程中的团结协作，而在当代更重要的，也是大哲学家德维希·安德列斯·费尔巴哈所强调的——诚实。我认为，无论有多少种科学精神，诚实是一定要坚守的。我们可以列举很多例子来说明科学家的美德是诚实，也有很多种方法可以证实它的积极作用。

除此之外，科学精神还有一种解释，即它是科学实现其自身的社会使命、文化价值使命的重要形式。所以，科学不只是追求真理，在一定程度上也在实现着社会的价值和文化的价值，它的内涵更多地体现在精神上。我们在理解自然科学探索未知、发现未来的同时，还会面对特别多的社会问题，所以科学既有科学研究，也有工程技术。第二次世界大战以来，我们探索知识的方式发生了很大的变化，除了纯粹的兴趣追求、目标探索，还有来自社会的问题导向的科学研究。基于这种思路，我们来回顾一下科学史。第一次工业革命，以工匠精神去探索，人们通过简单的实验，基于对社会基本物理现象的观察，完成了第一次工业革命，进入了蒸汽机时代。第二次工业革命已经是科学技术与社会发展实际问题充分融合的时代，迈向电气化、自动化和如今的信息化、智能化。

当今社会的科学研究从社会问题出发，造就了一个大科学时代。学科有分类，但科学没有区分。大科学时代更需要多学科的交融、交叉，在无人区寻找问题也正是这样，大家在思考当下社会发展的问题时要思考一个非常重要的问题，即如何看待数字世界、物理世界和生命世界的有效融合。

我从事信息技术研究工作，主要是开发和研究计算机软件和互联网，所以在数字世界做了一些思考和实践。我们目前面临的问题主要是制造业与信息化结合走向智能时代，生命世界的发展需要与数字世界和物理世界相结合。在大科学时代，我们应当将三个世界中的任意两个或三个有效地结合起来，并做出重要贡献，这是大科学时代发展的重要内容。

凯文·凯利在他的作品《失控》中讲道：当一台机械设备具有演化和学习的功能时，它就具有了生物特质，当机械设备具有生物特质后，人类就进入了智能时代。尽管我们现在对智能时代的理解依然局限，但智能时代可能为我们提供的基于大数据的分析又使得我们利用计算智能来理解和思考，并对现在有了更精准的理解。

大科学时代有大融合的需求，也有大智能的需要。虽然现在人工智能、大数据的发展中有很多泡沫，但在未来发展中有相当多的科学问题和泡沫以外的内涵需要我们去认识、去研究、去探索可能的成果。人们常说"未来已来，唯变不变"，我们要研究现象背后的规律，特别是在科技变革和产业变革的时代，如何更有效地推动科技创新，推动科学发展。

人类在探索真理的过程中形成了科学和人文精神，也同样形成了人类思想的一个重要基因。科学研究离不开精神的力量。周光召先生曾经讲过，20世纪最重要的科学发现都不是出自当时物质条件最好的实验室，如阿尔伯特·爱因斯坦在专利局当职员时发现了狭义相对论；量子力学在德国诞生的时候，也是德国经济最困难的时候；DNA双螺旋结构是第二次世界大战后英国人发现的。现在我们应用的具有变革意义的科学技术，很多是在艰苦的条件下、战争的状态下产生的，艰苦的条件有时候反而是大科学、大技术发展的催化剂。

曾经很多人讲，正是那种大胆的假设、仔细地论证和敢于批判的实践精神，才使那个时代有了电子技术的发展、计算机的发展、信息论的成型及控制论的出现。虽然那个时代的环境和条件、科学的手段未必有现在好，但科学研究所取得的成就是卓越的，这其中很重要的就是科学精神、科学方法，这些是最难能可贵的。

同时，在科学研究过程中，很多伟大的科学家并不仅是因为卓越的科学成就被载入史册的，很多是由于他们高尚的道德情操使他们在科学史上熠熠生辉，成为科学界传诵的佳话。如阿尔伯特·爱因斯坦评价居里夫人，李政道评价吴健雄，他们都认为高尚的品格对人类的重要性远超过她们所取得的成就本身。这些科学家追求科学、追求真理的共同品质，更值得我们学习。

针对科学道德和学风的问题，我们倡导负责任的研究和创新。当今社会，通信变得越来越普遍，很多创意思想已经不再新奇，真正的创新需要我们再思考，我们需要静下心来，认真思考如何做真正的学问，守护科学精神。

梁启超先生在 1922 年的《科学精神与东西文化》中讲道：中国人对于科学的态度，有根本不对的两点：一是把科学看太低了、太粗了；二是把科学看得太呆了、太窄了。他们只知道科学研究所产生结果的价值，而不知道科学本身的价值。

新时代中国科学家精神，是科学精神的人格化、中国化。在科研工作中，我们需要理解科学精神，同时也要传播科学家精神，让我们所处的实验室、我们的周围、我们的社会多一些科学家精神。科学家精神不独属于从事科学研究的人，更应该成为一种社会风尚。特别是在当今时代，我们更要为爱国和奋斗树立起我们的科学精神、科学家精神。

从事科学研究的青年科技工作者不仅是所研究领域重要的实践者、贡献者，更是国家的未来、祖国的希望。所以，希望你们在从事科学研究的过程中传承科学传统、弘扬科学精神，涵养新时代中国科学家的精神气质和精神品质。

二、明德楷模的精神感召

科学无国界，科学家有祖国。生活中我们会面临很多的选择，接受科学教育后从事科学研究工作就是其中的一种选择，而在从事科学研究的过程中，我们所得到的历练和所积淀的科学精神将会成为一生财富。周光召先生曾经讲过一个他亲身经历的故事。他在芬兰访问时曾到一位芬兰科学家家里做客，下午5点多，芬兰科学家宣布要降国旗，请客人们都站在门口，而他非常严肃地降好了国旗。周先生问他是不是每天如此？他说是的，每天上班前要升国旗，下班后要降国旗，是完全自发的行为。所以爱国对于一个公民、对于从事科学研究的人非常重要，虽然科学无国界，但科学家有祖国。

爱国是中国科学家最浓烈的情怀，也是中国科学家精神的灵魂和主线。在中国共产党的领导下，以钱学森、邓稼先、郭永怀、袁隆平、黄旭华、屠呦呦、赵忠贤等为代表的老一辈科技工作者，用自己的爱国奋斗、忠诚担当、智慧奉献谱写了一曲曲美丽动人的英雄凯歌，筑就了"两弹一星"、载人航天和"西迁精神"这样的历史丰碑。一代代科技工作者以身许党、以身许国的爱国故事代代传扬。

为了留住这些故事，中国科学技术协会与 12 家部委联合开展了老科学家学术成长资料采集工程，其中一个非常典型的故事说的是我国超声学家、中国科学院院士应崇福。1955 年，应崇福从布朗大学回国，他给他的实验室主任写了一封信，表达了他的一些想法。巧的是，这封信 30 年后又回到了应崇福的手中，他将它翻译成了中文：你大概知道有一个国家叫中国，这个国家是我的祖国，这个国家亟需服务。一个国家不能在自己的土地上站起来，整个世界就不能有一颗安静的良心和持久的和平。事实上，我做这个决定，不是很容易，不是没流过眼泪，多少次我怀疑我的理由是不是太幼稚了，会不会放弃太多的东西而没有结果……朝向一个好的愿望与和平！

黄大年曾对自己的学生说：你们一定要出去，出去了一定要回来，你们一定要出息，出息了一定要报国。

南仁东放弃海外的工作，在 FAST 享誉世界的时候，他却说：我不是一个战略大师，我是一个战术型的老工人。南仁东被评为时代楷模时，他的夫人评价他：我的先生南仁东一定不曾奢望会得到这样一份至高的荣誉称号。他就是千千万万中国知识分子当中的普通一员，普通得不能再普通；他不曾有过任何豪言壮语、宏图大志……他就是您的邻居、朋友或同事。他身体力行的不过是这个伟大时代赋予每一个中国人的职责……

这些科学家给我们留下的不只是一个简单的故事，更重要的是科学家精神，这是指引我们前进的宝贵财富。

截至 2018 年，参与中国科学技术协会共和国的脊梁——科学大师名校宣传工程的高校有 13 所，原创剧目 14 部。我们希望能够通过这些演出，以校友演校友、学弟演学长的方式让身处高校的青年学生更好地领悟和感受科学家精神。

曾经有一位中国地质大学 2011 级的学生，他是原创话剧《大地之光》中李四光的扮演者。他在 2015 年放弃了保研，成为新疆地矿局地球物理化学探矿大队的一名地质工作者。他说：我不想只扮演李四光，我想靠近他，做真正的"李四光"。

通过这样的方式，广大的青年学生感受、领悟、践行着科学家精神，也正是伟大的科学家精神，促使一代代科技工作者不断去创造。让我们把传承作为第一主题词，把创新作为发展的重要内容，推动科学家精神世世代代延续下去。

三、新时代青年的科学担当

习近平总书记强调，青年兴则国家兴，青年强则国家强，青年一代有理想、有本领、有担当，国家就有前途，民族就有希望。青年者，人生之王，人生之春，人生之华也。每一代青年都有自己的际遇和机缘，正所谓一个时代一代人才，新青年要有新气象，更要有新担当和新作为。

我曾读到英国《经济学人》的一篇文章，其中讲到作者对于中国最担心什么？他说：不担心中国的高楼大厦，不担心中国完备的基础设施，最担心的是中关村有一群背着双肩包，身穿 T 恤衫、牛仔裤和运动鞋的年轻人，他们在茶馆、咖啡厅激烈地交流、不断地讨论，并认真记下讨论的结果，然后就去实践他们的创意。这些朝气蓬勃的年轻人富有创新的活力和能力，不仅有想法，还能实现想法，这是现代社会最重要的力量。

当前令世界羡慕的不只有中国速度，还有中国质量。而这其中，创新的活力最可贵，更是未来的期望所在。

青年科技工作者在科学研究的过程中，要做到长期实践、刻苦奋斗，把握住时间，坚守自己的理想，认识到科学研究是一项重要且长远的事业。进入科学研究岗位从事科学研究工作是一个新的起点，而践行科学家精神、培育科学家品格却是我们终身的课程。

青年要拓展视野，因为视野决定高度。好志向是好选择的基础，视野可以催生激情，更能将责任、使命和担当有机统一，让青年创造知识更好地服务社会、贡献社会。习近平总书记强调，青年要"行远升高，积厚成器"，要有大视野、大格局。

青年要坚守自律。之所以强调自律，是因为自律是责任的起点，自律决定着责任的厚度、敬畏的深度。科学精神要求我们既要有实事求是的理性精神，也要有坚持不懈的奋斗精神。伊凡·彼德罗维奇·巴普洛夫说，要学会做科学中的粗活，要研究事实、对比事实、积累事实。没有脚踏实地、实事求是的理性精神是无法长期从事科学研究的。除此之外，我们还要更多地把科学道德、诚信、不作假、不偷懒、不做违反科学道德的事作为自律的重要内容。自律是责任的起点，也是科学精神的重要内容，更是弘扬科学道德的重要基础和保障。

青年要富于想象，想象力是科学的起点。阿尔伯特·爱因斯坦说想象力比知识更重要，我们常说要尊重但不要迷信权威，尊重真理但不要绝对化真理。这就需要我们在科研工作中大胆地发挥想象，创造出新的知识。

青年要怀揣梦想，有梦想才有未来。习近平总书记说：中国梦是历史的、现实的，也是未来的，是我们这一代的，更是青年一代的。作为青年科技工作者、研究生，一定要心怀梦想、砥砺奋进，要把科学梦想、人生梦想与国家的梦想、人民的梦想紧密结合起来，为国家的发展做出贡献。沐浴科学的星光，放飞青春的梦想，励志创新建功，我们就一定能够应对挑战，开创未来。

矗立在新时代波澜壮阔的历史潮头，爱国奋斗是主旋律，创新建功是原动力，务实担当是最强音。希望广大青年在习近平新时代中国特色社会主义思想的指引下，乘东风、把稳舵、加满油、鼓足劲，弘扬科学道德，倡导严谨学风，涵养宏阔的视野和情怀，以奋斗出彩的行动和业绩，为实现中华民族伟大复兴的中国梦谱写青春华章！

施一公

做诚实的学问　做正直的人

　　不断取得可靠的负面结果，你的课题很快就会走上正路，而在不断分析负面结果的过程中所掌握的强大的批判性分析能力也会使你很快成熟，逐渐成长为一名优秀的科学家。

施一公　1967 年 5 月出生，现任西湖大学校长、教授，中国科学院院士，美国艺术与科学学院院士，美国国家科学院外籍院士。

结构生物学家，主要从事细胞凋亡的分子机制、重要膜蛋白及细胞内生物大分子机器的结构与功能研究。系统阐述了模式动物细胞凋亡蛋白酶激活、抑制、再激活及调控分子机理，解析了人源 γ - 分泌酶的原子分辨率结构并分析研究了 γ - 分泌酶致病突变体的功能，解析了超高分辨率的剪接体三维结构。

曾获未来科学大奖 - 生命科学奖、陈嘉庚科学奖 - 生命科学奖、何梁何利基金科学与技术成就奖、瑞典皇家科学院爱明诺夫奖等。

一、做一名优秀的研究生，时间的付出是必须的

所有成功的科学家都有一个共同的特点，那就是他们必须付出大量的时间和精力。实际上，一个人无论从事哪种职业，要想成为本行业中的佼佼者，都必须付出比常人更多的时间和心力。有时，个别优秀的科学家在回答学生或媒体的问题时，总是轻描淡写地说自己的成功凭借的是运气，不是苦干。这种客气的回答避重就轻，只强调成功过程中的一个偶然因素，常常对年轻人造成很大的误导；一些人甚至会因此开始投机取巧、不尽全力，等待所谓的运气。说极端一点儿，如果真有这样主要凭运气而非付出时间取得成功的科学家，那他的成功很可能攫取了别人的成果，而自己十有八九在领域内不具备真正领先的学术水平。

神经生物学家蒲慕明在多个神经科学领域做出过重要贡献。十几年前，身处加州大学伯克利分校的蒲慕明曾有一封电子邮件在网上广为流传，这封邮件是他写给自己实验室所有博士生和博士后的，其中的一段翻译过来是：我认为最重要的就是在实验室里工作的时间，当今一名成功的年轻科学

家平均每周要有约 60 小时投入实验室的研究工作……我建议每个人每天至少有 6 小时的紧张实验操作和 2 小时以上的与科研直接有关的阅读。文献和书籍阅读应该在这些工作时间之外进行。这封邮件写得语重心长、用心良苦。其中的观点我完全赞同，无论是在普林斯顿大学、清华大学还是在西湖大学，我都会把这封邮件的内容转告实验室的所有学生，让他们体会。

我从小特别贪玩，不喜欢学习。但来自学校和父母的教育和压力迫使我尽量刻苦读书，最后被保送进了清华。尝到甜头后，我在大学阶段机械地保持了刻苦的习惯，本科时综合成绩全班第一，并提前一年毕业。当然，这种应试和灌输式教育的结果使我很少真正地独立思考，对所学专业也提不起兴趣。

大学毕业后我到美国留学。读博士的第一年，因为对科研和所学专业没有兴趣，我的内心浮躁而迷茫，无法继续刻苦，反而花了很多时间在中餐馆打工、选修计算机课程。第二年，我开始逐渐适应科研的"枯燥"，对科学研究有了点儿兴趣，也开始有了一些自己的体会，当领会了一些科研的精妙之处时便豁然开朗，原来不过如此。渐渐地，我对自己的科研能力有了自信。这时，博士学位要求的课程已经全部修完，每周 5 天，我从上午 9 点开始做实验，一直到晚上 7 点、8 点，周末也会做半天。到了第 3 年，我已经领会到科研的逻辑和奥妙，有点儿跃跃欲试的感觉，经常在组会上提问，而这种"入门"的感觉使我对研究的兴趣更加浓烈，晚上做实验常常要到 11 点、12 点。1993 年，我曾在自己的实验记录本的日期旁标注：这是我连续第 21 天在实验室工作。以此激励自己。到了第 4 年，我完全适应了实验室的科研环境，再也不会感到枯燥，时间安排则完全服从实验的需要。其实，这个时期的实验时间远多于刚刚进实验室的时候，但感觉却完全不同。在研究生阶段后期，我的刻苦在实验室是出了名的。

在纽约做博士后的两年是我最刻苦的两年，每天晚上做实验到凌晨 3 点左右，回到住处躺在床上常常已是凌晨 4 点后，但每天早上 8 点就会被窗外街道上的汽车喧闹声吵醒，9 点左右又回到实验室开始了新的一天。每天三餐都在实验室解决，吃饭的时间分别在上午 9 点、下午 3 点和晚上 9 点。这样的生活节奏通常会持续 11 天，从周一到第二周的周五，周五晚上乘坐灰狗长途汽车回到巴尔的摩的家，周末两天每天睡上近 10 小时，弥补过去 11 天严重缺失的睡眠。周一一早便开始下一个 11 天的奋斗。虽然很苦，但我心里很骄傲，我知道自己在用行动打造未来、在创业。有时我也会在日记里鼓励自己。我住在纽约市曼哈顿区 65 街与第一大道路口处，离纽约著名的中心公园很近，那里常常会组织文化娱乐活动，但在纽约工作的这两年，我从未迈进中心公园一步。

我常常会把自己的这段经历向实验室的学生讲述，新生总会问我："老师，您觉得自己苦吗？"我回答："只有自己没

有兴趣的时候觉得很苦。有兴趣以后一点也不觉得苦。"是啊！一个精彩的实验带给我的享受比看一部美国大片多多了。现在回想起当时的刻苦，我仍感觉很骄傲、很振奋！我在读博士和做博士后的那7年半的努力进取，为我独立科研生涯的成功奠定了坚实的基础。

二、做一名优秀的研究生，必须具备批判性的思维

要想在科学研究上取得突破和成功，只有时间的付出和刻苦是不够的。批判性分析是必须具备的一种素质。

研究生与本科生最大的区别是：本科生以学习人类长期以来积累的知识为主，兼顾科学研究和技能训练；研究生则是通过科学研究来发掘、创造新的知识，而探索新知识必须依靠批判性的思维逻辑。其实，整个本科和研究生阶段教育很重要的一部分就是培养批判性分析的能力，养成能够进行创新科研的方法论。可以印证这一观点的例子非常多，覆盖的范围也非常广，以下是令我难忘的几个。

▪ 正确分析负面结果是成功的关键 ▪

作为一名博士生，如果进行的每个实验都很顺利，都能得到预期的结果，除个别研究领域外，可能只需要6—24个

月就可以获得博士学位需要的所有结果了。但是在美国，生命科学领域的一名博士研究生，平均需要 6 年左右的时间才能取得博士学位。这说明：绝大部分实验操作的结果会与预期不符，甚至是负面结果。很多低年级的博士生一看到负面结果就很沮丧，甚至不愿意仔细分析其中的原因。

其实，对负面结果的分析是养成批判性思维的直接途径之一。只要有合适的对照实验，判断无误的负面实验结果往往是通往成功的必经之路。一般，任一探索型研究课题的每一步进展都有几种，甚至十几种可能的途径，取得进展的过程就是排除不正确、找到正确途径的过程，就是将这几种、十几种可能的途径一一予以尝试、排除直到找到一条可行之路的过程。在这个过程中，一个可靠的负面结果往往可以让我们信心十足地放弃目前这一途径；如果运用得当，这种排除法会确保我们最终走上正确的途径，这就是方法论。

非常遗憾的是，大多数学生的负面实验结果并不可靠，经不起逻辑的推敲！而这一点往往是阻碍科研进展的最大阻碍。例如，对照实验没有得到预期结果，或者缺乏相应的对照实验，或者在实验结果的分析和判断上产生了失误，从而得出"负面结果"或"不确定"的结论，这种结论对整个科研进展的伤害非常大，常常使学生在今后的实验操作中不知所措、苦恼不堪。因此，我告诫并鼓励我所有的学生：只要你不断取得可靠的负面结果，你的课题很快就会走上正路；而在不断分析负面结果的过程中所掌握的强大的批判性分析能力也会使你很快成熟，逐渐成长为一名优秀的科学家。

我对一帆风顺、很少取得负面结果的学生总是很担心，因为他们没有真正经历过科研上批判性思维的训练。在我的实验室偶尔会有这样的学生，他们只用很短的时间（两年以内，有时甚至一年）就得到了博士论文所需的结果；对于这些学生，我一定会让他们继续承担一个具有挑战性的新课题，让他们经受负面结果的磨炼。因为没有这些磨炼，他们不仅很难真正具有批判性思维，将来也很难成为可以独立领导一个实验室的优秀科学家。

耗费大量时间的完美主义阻碍创新进取

尼古拉·帕夫列蒂奇（Nikola Pavletich）是我的博士后导师，对我影响非常大。他做出了一系列里程碑式的研究成果，享誉世界结构生物学界，31岁即升任正教授。1996年4月，我刚到尼古拉实验室不久，纯化一种表达量相当高的蛋白Smad4，两天下来，蛋白虽然纯化了，但结果很不理想：得到的产率只有预期的20%左右。见到尼古拉，我不好意思地说："产率很低，我计划继续优化蛋白的纯化方法，提高产率。"他反问我："你为什么想提高产率？已有的蛋白不够你做初步的结晶实验吗？"我回敬道："我虽然已有足够的蛋白做结晶筛选，但我需要优化产率以得到更多的蛋白。"他毫不客气地打断我："不对。蛋白产率够高了，你的时间比产率重要。请尽快开始结晶。"实践证明了尼古拉的建议。我用仅有的几毫克蛋白进行结晶实验，很快意识到这种蛋白的溶液生化性质并不理想，不适合结晶。我利用遗传工程除去其 N 端较柔性的几十个氨基酸后，蛋白不仅表达量高，而且生化性质稳定，很快得到了具有衍射能力的晶体。

在大刀阔斧进行创新实验的初期，对实验每一步的设计当然要尽量仔细，但一旦按计划开始后对其中间步骤的实验结果不必追求完美，而是应该义无反顾地把实验一步步推到终点，看看能否得到与假设大致相符的结果。如果基本相符，你再回过头去仔细改进实验的设计也不迟。如果结果不符，而总体实验设计和操作都没有错误，那你的假设很可能是有大问题的。就像这样，来自批判性思维的方法论在每天的实验中都会用到。

过去的 20 年，我一直告诉实验室的学生：切忌一味追求完美主义。我把这个方法论推到极限：只要这个实验还能往前走，一定要做到终点，尽量看到每一步的结果，之后有需要再回头看，逐一解决中间遇到的问题。

▌科研文献与学术讲座的取与舍▐

博士生阶段，我的导师杰里米·伯格（Jeremy Berg）非常重视相关科研文献的阅读，有每周一次的实验室文献讨论，讨论重要的相关科研进展及研究方法，作为学生我受益匪浅。当时，我以为所有的科学家在任何时期都需要博学多读。

刚到尼古拉实验室，我试图表现一下自己读文献的功底、也想与尼古拉讨论以得到他的真传。1996 年春季的一天，我精读了一篇《自然》杂志上的文章，午饭前遇到尼古拉，我向他描述这篇文章的精妙，同时期待着他的评述。尼古拉面色尴尬地对我说："对不起，我还没看过这篇文章。"我想，也许这篇文章太新，他还没来得及读。过了几天，我精读了一篇几个月前发表于《科学》杂志的文章，又去找尼古拉讨论，没想到他还是说没看过。几次碰壁之后，我不解地问他："您知识如此渊博，一定广泛阅读了大量文献。您为什么没有读我提到的这几篇论文呢？"尼古拉看着我说："我阅读不广泛。"我反问："如果您不广泛阅读，您的科研怎么会这么好？您怎么能在自己的论文里引用那么多文献？"他的回答令我意外，大意是：我只读与我的研究兴趣有直接关系的论文。并且只有在写论文时我才会大量阅读。

我做博士后的单位纪念斯隆－凯特琳癌症中心（Memorial Sloan-Kettering Cancer Center）有一个优秀的系列学术讲座，常会请生命科学领域的著名科学家做演讲。有一次，一位诺贝尔奖得主来做演讲，并且点名要与尼古拉交谈。在绝大多数人看来，这可是一个不可多得的接近大人物、取得好印象的好机会。尼古拉却告诉他的秘书：请你代我转达歉意，讲座那天我已有安排。我们为尼古拉遗憾。但让我万万没想到的是，诺贝尔奖得主演讲的那天，尼古拉把自己关在办公室里，从早晨到傍晚一直没有出门，当然也没有去听讲座。以我们对他的了解，十有八九他在写文章或解结构。后来我意识到，尼古拉常常如此。

在我离开尼古拉实验室前，我带着始终没有解开的谜问他：如果你不怎么读文献，又不怎么去听讲座，你怎么还能成为一名如此出色的科学家？他回答说：（大意）我的时间有限，每天只有 10 小时左右在实验室，权衡利弊之后，我只能把我有限的时间用在我认为最重要的事情上，如解析结构、分析结构、与学生讨论课题、写文章。如果没有足够的时间，我只能少读文章、少听讲座了。

尼古拉的回答告诉了我一个简单的道理：一个人必须对他要做的事情做些取舍，不可能面面俱到。无论是科研文献的阅读还是学术讲座的听取，都是为了借鉴相关经验、更好地服务自己的科研课题。

在博士生阶段，尤其是前两年，我认为必须花足够的时间去听各种相关领域的学术讲座，并进行科研文献的广泛阅读，打好批判性思维的基础；但随着所做科研课题的深入，对于文献阅读和学术讲座就需要有一定的针对性，也要开始权衡时间的分配了。

挑战传统思维

从我懂事开始就被教育：但凡失败都有其隐藏的道理，应该找到失败的原因后再尝试。直到 1996 年，我在实验上一直遵循这个原则。但在尼古拉实验室，这一基本原则也受到有理有据的挑战。

有一次，一个比较复杂的实验失败了。我很沮丧，准备花几天时间多做一些对照实验找到问题的所在。没想到尼古拉阻止了我，他皱着眉头问我："告诉我你为什么要搞明白实验失败的原因？"我觉得这个问题太没道理，理直气壮地回答："我得分析明白哪里错了才能保证下一次可以成功。"尼古拉马上评论道："（大意）不需要。你真正要做的是把实验重复一遍，但愿下次可以做成。与其花大把时间搞清楚一个实验为何失败，不如先重复一遍。面对一个失败的复杂的一次性实验，最好的办法就是认认真真重新做一次。"后来，尼古拉又升华了他的观点："（大意）是否需要找到实验失败的原因是一个哲学决定。找到每个不完美实验结果原因的传统做法未必是最佳方法。"仔细想想，这些话很有道理。并不是所有失败的实验都一定要找到其原因，尤其是生命科学实验，过程烦琐且复杂；大部分实验的失败是由简单的操作错误引起的，如 PCR 时忘了加某种成分，仔细重新做一遍实验往往可以解决问题。只有那些关键的、不找到失败的原因就无法继续的实验才需要追本溯源。

我选的这些例子多少有点"极端"，但只有这样才能更好地起到震荡大家思维的作用。其实，在我自己的实验室里，这几个例子我早已经给所有学生反复讲过多次了，而且每次讲完，我都会告诉大家要打破迷信、怀疑成规，而关键的关键是跟着逻辑走！这句话，我每天在实验室里注定会对不同的学生重复讲上几遍。严密的逻辑是批判性思维的根本。

三、科学家往往需要独立人格和一点点脾气

对社会人而言，科学研究是个苦差事；对真正的科学家而言，科学研究却是牵肠挂肚、茶饭不思、情有独钟、妙不可言的。靠别人的劝说和宣讲来从事科学研究不太可行，真正自己从心里感兴趣、着迷，一心一意、持之以恒地探奇解惑，才有可能成为一流的科学家，正所谓"不疯魔、不成活"。在这个过程中，独立人格和脾气显得格外重要。所谓独立人格，就是对世界上的事物有自己独立的看法。恰恰是一些有脾气的人不会轻易随波逐流，可以保持自己的独立人格。

四、不可触碰的学术道德底线

做学问的诚实反映在两方面。首先是有一说一，实事求是，尊重原始实验数据的真实性。在诚实做研究的前提下，对具体实验结果的分析、理解有偏差甚至错误是很常见的，这是科学发展的正常过程。可以说，绝大多数学术论文的分析、结论和讨论都存在不同程度的瑕疵或偏差，这种学术问题的争论往往是科学发展的重要动力之一。越是前沿的科学

研究，越容易出现错误理解和错误结论。

比较有名的例子是著名物理学家恩利克·费米 1938 年获得诺贝尔物理学奖，获奖的原因之一是他发现了第 93 号元素。实际上，费米在 1934 年曾宣称用中子轰击第 92 号元素铀可以得到第 93 号元素，德国化学家哈恩在 1939 年 1 月发表论文称：经证明，产生的元素根本不是 93 号元素，而是 56 号元素钡！但这个错误并没有改变费米是杰出的物理学家的事实，也没有影响他继续在学术上的进取。费米很快提出了后来用于制造原子弹的链式反应理论并于 1941 年在芝加哥大学主持建成世界上第一座原子反应堆。

再举一个生命科学领域的例子。埃德蒙·费舍尔（Edmond Fischer）和埃德温·克雷布斯（Edwin Krebs）因为发现蛋白质的磷酸化于 1992 年获得了诺贝尔生理学或医学奖，但如果仔细阅读他们发表于 20 世纪 50 年代的几篇关键学术论文，你会发现他们当时对不少具体实验现象的理解和分析与我们现在的理解有一定差距，用今天的标准来看可以说不完全正确。但瑕不掩瑜，这些文章代表了当时最优秀、最有创意的突破。

举这两个例子是希望大家认清"error"与"misconduct"的区别。如一个实验由于条件有限，得出了一个结论，后来别人用更高级的实验手段、更丰富的实验数据推翻这个结论，那么第一篇只要翔实地报道了当时的实验条件，更重要的是基于这些描述其他实验室都可以重复出其报道的实验结果，就情有可原，无须撤稿。但如果明知实验证据不足，为了支持某个结论而编造实验条件或实验证据，哪怕是一点，这就是造假，就是学术不端。

诚实的学问还有另外一层重要含义：只有自己对具体实验课题做出了相应的贡献，才可以在相关学术论文中署名。这一点很重要，但很多人做不到。大老板强势署名的事情屡见不鲜；更有甚者，利用其学术地位和影响力，使一些年轻学者不得不在文章上挂上自己的名字，有时还以许诺未来的科研基金为由来换取论文署名。这种做法不仅有失学术道德，更会严重地阻碍创新，对整个学术界风气的恶劣影响更甚于一般的造假。

五、你不习惯的常识

我们有限的认知不足以支撑一成不变的真理

你们在课堂里学到的所有定律、公理等，都是前人对自然现象的归纳总结，是现有条件下最好的归纳总结，这些结论可以有效地解释这些现象，甚至可以预测一些还未被发现的现象。也许这些定律和公理可以非常接近"真理"，但也只是对现实的近似描述，都不是永恒的"真理"；随着人类对周围环境和宇宙认识的加深，这些定律和公理都会有失效的时候。这里最具代表性的例子当属强大的牛顿万有引力定律。它可以解释太阳系行星围绕太阳的公转，但它无法完美地解释水星近日点进动的问题，而需要引入爱因斯坦的广义相对论。所以说，科学研究中没有绝对的真理，只有不断改进的人类对自然的认识！

科学和民主是两个概念

科学研究是探寻未知，其结果是科学发现和规律定理；而民主通常是在决策过程中每个人都有发言权的现象和过程。很遗憾，但也许很幸运，在科学研究的过程中，从来没有"少数服从多数"这一原则。实际上，在前沿和尖端的科学研究领域，常常是极少数人孤独地探索，有了一些违反常规的发现，这些发现又常常被大多数人排斥甚至攻击。但最终，这些极少数的科学探索者的发现还是会被学界和社会接受。从苏格拉底到布鲁诺、哥白尼，这样的例子不胜枚举。虽然科学真理最初往往被极少数人发现的道理人人知晓，但到了日常科学研究中，在各种噪音中，真正能够全力探索、冷静辨别真伪的又有多少人呢？

其实，真正优秀的科学评价也不是简单的一人一票。我从霍普金斯大学读博士到普林斯顿大学做教授的这 18 年间，经常会看到一种有趣的现象，那就是在一场激烈的学术讨论中，最初大多数人坚持的观点逐渐被少数几个人的观点取代，成了实实在在的多数服从少数。这些少数人制胜的法宝就是精准的学术判断力和严密的逻辑。这种现象在基金评审、科学奖项评审、重大科研课题讨论及评审中常常出现。

科学是高尚的，但科学家未必高尚

走上科研的道路，每个人的动力都不同。有人可能是基于兴趣，有人可能是因为成就感，也有人就是把科研当成了追求名利甚至谋生的手段。所以，大家没有必要盲目崇拜所谓的学术权威、盲目崇拜教授专家。

然而，在科学评价中往往是"论迹不论心"的。也许以名利为手段的人最终会心想事成，取得重大科学成果，名利双收；清高淡泊、醉心学术的人由于种种原因而一事无成。这都是真实会发生的。

但无论每个个体是以什么目的、什么动力在做科研，科学的本质是求真，科研的目标是不断拓展人类知识的边界、推动技术进步。哪怕你的初衷只是把科研当成一份普通的工作、当成谋生的手段，如果你坚持走下去了，我也祝福你能够慢慢从日复一日的重复、无路可走的焦灼，到柳暗花明、灵光乍现的起伏中逐渐体会到从事科研的幸福感、满足感和成就感。真正的科研动力来自内心的认同！真正的学术道德在完善科研管理体制之外，也有赖于每个个体对于科研之道的认同而自律。

青年人是祖国的未来，青年人的努力和成绩将决定中国未来的科技安全，希望青年科技工作者能够沉下心来，刻苦钻研，做诚实的学问，做正直的人，在中华民族伟大复兴的征程中，做出无愧于自己，无愧于祖国的一分贡献。

王泽山

牢记使命　忠诚奉献

　　我有一个习惯，就是不断地思考，这也是我的一种工作方式。平时我话不太多，可是大脑一直在运动，饭前饭后、睡前醒后，我都在思考问题，这种不间断的思考为我节省了时间，也使我收获了很多实际的效益，很多新概念就是我不断思考的成果。

王泽山 1935 年 10 月出生，中共党员，南京理工大学教授，中国工程院院士。

王泽山是我国含能材料领域著名科学家，发展了发射药及其装药理论，出版专著 14 部。

作为第一完成人，获 2 项国家技术发明奖一等奖、1 项国家科学技术进步奖一等奖，是 2017 年度国家最高科学技术奖获得者，党的十九大代表。

一、我为强国、强军研究火炸药

　　火炸药包括推进剂、发射药和炸药，一般利用它来装备各种武器。一个国家的武器水平一定程度上是由其火炸药的能量决定的。我在火炸药研究领域已经工作了近 60 年，我感觉很光荣，因为我的工作对国家有意义，是我国国防不可或缺的。

　　我出生于 1935 年，当时，我国东北地区正被日本侵占，童年时的我生活在亡国奴的屈辱中。有时身边的亲人不知道为什么就没了，据说是被日本人抓去做劳工，公示完了，人也跟着完了；自己种的大米自己不能吃，吃了就是犯罪；很多人甚至忘了自己是中国人。

　　我读中学的时候正好赶上抗美援朝战争，那时候，我们国家已经有了自己的国防、自己的军队，在抗美援朝战争中守住了家园。这些经历让我明白，没有国就没有家，国家要强大，必须要有强大的军队、强大的国防，所以从那时起，不愿当亡国奴的我便立志为国防建设贡献力量。

　　1954 年，我进入哈尔滨军事工程学院学习，进入学校首先面对的就是选专业的问题。那时，有空军，海军，陆军的装甲兵、工兵、炮兵等，空军、海军都是当时的热门专业，陆军里也有火箭等热门专业，而火炸药是个冷门专业。当时我想，没人报但是国家需要，我应该报，并且成功与否和所选的专业没有直接关系，所以我选定了当时并不热门的火炸药专业。

毕业设计阶段，我研究的是高能大尺寸固体推进剂，可以用在导弹上，属于前沿课题，我们16名学生，每个人都有一项前沿课题。那时我们就承担起了接待、指导外单位科研人员的工作，指导的过程更加增强了我对火炸药专业的热爱。

二、一生只做一件事

1960年，哈尔滨军事工程学院分建，我随着二系迁到了南京，后来成立了中国人民解放军炮兵工程学院，现在的南京理工大学。毕业后我留校任教，这就决定我一生只做了这一件事——火炸药的研究。

黑火药是中国古代四大发明之一，但到13—14世纪，黑火药在西方国家得到了极大的发展，将其用于武器的制造和工业生产，而我国的黑火药技术一直停滞不前，直到鸦片战争爆发。中国落后的技术与西方国家利用黑火药研制的武器形成了强烈的反差，在资本主义国家的炮舰和武器面前，我们只能被动挨打。

1886年，法国化学家P.维埃利发明了无烟药和黑药，这是一项重大的突破。以前的黑火药燃烧时冒烟且有残渣，而无烟药没有残渣、更加清洁，可以用于线膛炮和后膛炮，这样的武器威力更强。此后的硝酸酯炸药、硝铵炸药、硝基炸药三大系列炸药及第二次世界大战后出现的固体推进剂，无一例外都是由外国人发明的。直到改革开放前，我们也只是跟踪仿制。

记得钱学森先生回国后到了哈尔滨军事工程学院考察，当时的院长陈赓大将接待时问他："钱先生，您看我们中国人能不能搞导弹？"钱学森回答："有什么不能，外国人能造出来的，我们中国人同样能造出来，难道我们中国人比外国人矮了一截不成。"陈赓院长说："钱先生，我要的就是您这一句话。"我还记得在当时的报道中，钱学森还说："中国能建成这样的好军工，这是个奇迹。"

我担任博士生导师后，陈赓院长和钱学森先生的这些教导，更激励我去努力占据火炸药研究的科学制高点。20 世纪 80 年代，我和我的学生一起投入废弃火炸药的处理攻关，所取得的成果于 1993 年获得了国家科学技术进步奖一等奖。火炸药非常重要，打起仗来消耗量非常大，必须有足够的储备，可是储备时间长了、过期了就变成了危险源，所以，废弃火炸药、退役火炸药的处理一直是个世界难题。我们的科研攻关成功解决了这个问题。之前，我们的火炸药是给别人钱请别人去处理，现在，需要处理的人拿出钱来买。

1961 年，我加入了中国共产党，这使我服务我国国防事业和火炸药事业的信念更加坚定了。1999 年，我 63 岁，获得了两项国家科学技术进步奖一等奖，还有国家级的其他奖项，出版著作 9 部，当选为中国工程院院士。有人便问我"你已经功成名就了，退休颐养天年不好吗？"实际上，我在中国工程院与侯祥麟、师昌绪、徐匡迪等大家在一个学部讨论工作，中国工程院的学术氛围让我觉得自己还很年轻，可以继续为国家做贡献。侯祥麟先生便是我的榜样。

2003 年，温家宝总理希望侯祥麟先生能够发挥石油专长，继续贡献。侯祥麟先生便欣然接受了中国可持续发展油气资源战略研究的任务，那时他已经 91 岁了。2004 年 6 月 26 日，侯先生赶到医院去看望夫人，后来送别了夫人，可就在 1 小时前，侯先生还在中南海汇报工作。

中国工程院德高望重的科学家站在科学前沿，为人民创新贡献的高尚品德，深深影响着我，更坚定了我继续奋斗的信念。所以，我又用了整整 20 年的时间攻克了一个难题——研究出了一项新的发射技术，提升了我国的武器打击能力，并获得了 2016 年国家技术发明奖一等奖。当时那个提问者说的"功成名就"，我把它当作一种激励。

三、用科学的思维去做科学研究

我有一个习惯，就是不断地思考，这也是我的一种工作方式。平时我的话不太多，可是大脑一直在运转，饭前饭后、睡前醒后，我都在思考问题，这种不间断的思考为我节省了时间，也使我收获了很多实际的效益，很多新概念就是我不断思考的成果。例如，1886年维埃利发明了无烟火药，这种火药须将溶剂和硝铵棉黏合制成塑料状，使用时需要挤出来去掉溶剂。人们一直想做一种不用溶剂就能使它变成小尺寸、多孔径的药粒，然而100多年一直没有进展。

我基于这个目标，通过近两年的不断思考，催生出了生产周期短、节能、低污染的生产工艺，最终得到试验的验证。所以，我们在学习中可以多用科学的方法和思维。

我个人在科研工作中常针对一件事连续地问为什么，努力向深层次探寻。随着工作的进行，科研也在不断地深入，运用为什么和怎么做的思考方法，除了问为什么，我还会问现在的结果还存在什么问题，有没有可能做得更好，用什么办法可以使这个结果更好。就这样，在不断地否定和怀疑中，不断优化科研成果，一些新概念和发明便在这个过程中产生了。我有很多项科技发明，我的学生也有很多项科技发明，所以我认为这种科研模式是值得广大青年科技工作者借鉴的。

毫不动摇，坚韧不拔，孜孜以求，吃苦耐劳。从我参加工作的第一天开始，我就把主要精力投入到教学和科研中。我很少参加其他活动，每天大部分的时间都在工作，空闲时间都在思考问题。

"文化大革命"时期，我找理由、找机会做课题、搞科研，其他的事我都不参与，我把这10年称作"宝贵的10年"。

在这 10 年中，我掌握了当时先进的计算机技术。当时，我们刚从哈尔滨军事工业学院分离出来，资源科技的储备量很大，制造出了当时国内少有的大型计算机。我是第一个用那台计算机解决问题的人。

"文化大革命"结束时，我做出了不少科研成果，正赶上国家实行稿费制度，我所出版发表的著作一次就得到了相当于当时 3 年工资的稿费。我今年 80 多岁了，依然亲自参加试验，因为我是火炸药研究领域的科技带头人，我要履行自己的职责，亲自参与试验，我可以在现实环境中进一步掌握关键和本质的问题，抓住本质，拓展思考。

上学的时候，有位老师总能把复杂的事情用几句话道出它的本质。在哈尔滨军事工程学院，我听过数学家华罗庚的一个报告，他说：读书要把书读薄。我的理解就是要在思考中去接近它的本质。

华罗庚诞辰 100 周年，《科技日报》上刊登了数学家吴文俊的一篇文章《人民数学家技术》，其中提到：华罗庚善于用通俗的语言表达深奥的数学思想，读书从薄到厚，再由厚到薄。

我也逐步养成了追求本质的思考习惯。对一件事情，对于大家提出的问题，包括某些报告，我都要设法找到它的核心，用简单的几句话去总结。如我在研究获得国家技术发明奖的低温感装药技术时，就是通过抓本质、一层一层地剖析才找到功能材料和燃数燃变等效互补的原理。

现在，我们很多的科研成果都被用在了我国多种型号的武器上，我和我的同事、学生感到非常自豪，因为这些技术强大了我国的国防，促使我国的火炸药技术居于世界前列。

追求本质的同时也要有执着不懈的精神。有些人总怪自己所从事的工作没有前途，我的一些同学在科研的黄金时期突然转向，最后一生业绩平平，非常可惜。我曾经做过一项榴弹发射器的研究项目，当时领导问谁愿意去搞这项研究，没有人愿意，可现在你看榴弹发射器突出的作用，便说明了一切。所以，你成功与否和你选的专业没有直接关系，只要你深入钻研、持之以恒、艰苦拼搏，就一定会成功。

学科交叉发挥群体的作用，就是在抓住本质后，还要进行拓展。我有很多著作，本来它可能只是一篇论文，将它进行拓展再拓展，就形成了一部著作。曾经我发现火炸药界很多经典著作或研究中有很多错误，我便把它们系统地整理出来，并进行拓展分析，供同行参考借鉴。还有一些企业向我咨询困扰了几年的问题，有时候几句话便为他们解决了，这些都是抓本质、拓展思考的案例。

学科融合交叉，发挥群体的作用，要包容和诚信。有人问我：你在研究中遇到的最大的问题是什么？我说要完成任务，完不成任务那就是自己的耻辱。多学科交叉肯定是产生引领性、原创性、颠覆性成果的手段。在科研工作中，要发挥群体的作用，实现多学科的交叉融合，一切服务科学研究。不标榜自己，更不要因为取得一点成绩就翘尾巴。我们只是社会上的普通一员，和工人、司机是一样的，我们要学会倾听，尊重他人。现在的科学研究领域出现了不少不良现象，如一些被报道的科研人员的学术腐败、抄袭、造假、浮夸、浮躁等丑陋行为，背离了科学精神，与科研诚信是对立的，我们要坚决杜绝这种行为，要自正衣冠，自我监督。

四、立德树人，坚定理想信念

我至今非常庆幸对国防和火炸药专业的选择。目前，我已经培养了 90 多位博士，除了培养科学精神、传授科学知识，我更注重他们品德修养的教育。现在，他们中的很多人已经成为中国火炸药领域的领军人物，看到他们，我非常高兴，也非常幸福。

中华人民共和国成立 70 周年时，我有幸到天安门观礼，看到接受检阅的武器装备中有 24 项是由南京理工大学及我的学生担任总设计师或副总设计师设计研制的，我感到非常欣慰。

作为一名中共党员，我一直坚定理想信念，持之以恒、顽强拼搏，也希望广大青年科技工作者能够珍惜每一次科研机会，学习和掌握先进的科学知识，提高科研创新能力，按照习近平总书记的指示，坚定理想信念、志存高远、脚踏实地，在为人民的利益不懈奋斗中书写人生华章。

钱七虎

让生命在科技报国中闪光

如果说核弹是军事斗争中锐利的矛，那么防护工程就是一面坚固的盾，矛与盾总能在攻防对抗的过程中碰撞出新的火花。我和我的团队时刻跟踪着新型进攻武器的发展，只要矛，即进攻性武器发展一步，就会研究我们的盾如何更坚固一层。经过长达几十年的研究，我们攻克了一个又一个难关，突破了一系列技术难题，为我国的战略防护工程装上了金钟罩。

钱七虎　1937 年 10 月出生，中共党员，现任中国人
　　　　民解放军陆军工程大学教授，中国工程院
　　　　院士。

防护工程学家，长期从事防护工程及地下工程的教学与
科研工作，创建了我国防护工程学科，建成了国家重点学科、
重点实验室和创新研究群体。在国内倡导并率先开展了深部
非线性岩石力学基础理论，以及深部防护工程抗核武器钻地
爆炸毁伤效应的研究，填补了深地下工程抗核武器钻地爆炸
效应的防护计算理论的空白。

曾获全国科学大会重大科技成果奖、国家人防科技进步
一等奖、国家科学技术进步奖一等奖、何梁何利基金科学与
技术进步奖、中国人民解放军专业技术重大贡献奖、国家最
高科学技术奖，曾被授予"全国高校先进科技工作者"称号。

　　我出生在战火纷飞的抗日战争初期，亲眼见证了国家的沧桑巨变，见证了我国国防和军队建设取得的巨大成就，更是亲身参与了我国防护工程研究与建设从跟跑到并跑，再到有所领跑的全过程，我感到很幸运，也很幸福。

　　最近，不少媒体朋友和年轻的战友和我探讨人生的意义，谈人生价值和知识分子的追求，问我有什么成功的秘诀？我回顾自己的人生历程，送给大家四点体会。

一、爱党、信党、跟党走是我一生最正确最坚定的选择

　　我 14 岁入团，18 岁入党。我出生在江苏昆山，靠近上海，在淞沪抗战后的 1937 年 10 月，也就是国歌中所唱的"中华民族最危险的时候"。母亲在逃难途中的小船上生下了我，怕我的啼哭引来日本兵，我父亲叫母亲使劲摁住我，当时差点被摁死。

　　我的童年有 8 年生活在日本的铁蹄下，4 年生活在国民党统治下驻有美军的上海。我亲眼看到了日本侵略者、殖民

者残害同胞的残暴行径。中华人民共和国成立后，抗美援朝志愿军的英勇作战，迫使强敌退至三八线。这一切使我深深感悟到，没有强大的祖国和军队，人民不可能有幸福安宁的生活。

中学时期，我在上海中学就读，由于学习刻苦、成绩优异，当时，上海慰问志愿军的代表团把我一学期六门课四门满分的成绩单作为慰问品带给了前线的志愿军战士。1949年，江苏解放后，依靠人民政府的助学金，我顺利完成了中学学业。中学临毕业时，组织谈话要保送我到苏联留学。因为在中学我听过我国访苏代表团黄宗英做的报告，所以很向往苏联的美好生活。

但是不久要成立中国人民解放军哈尔滨军事工程学院，院长陈赓大将派人到我们中学招收学员，我作为优秀学生，组织又找我谈话，要我到哈尔滨军事工程学院学习。出国留学还是在本国读军校？当时我想，我的一切都是党培养的，只有献身党的事业才能报答祖国人民对我的恩情。所以我像抗美援朝战争爆发时我报名参加军干校一样，毅然选择到哈尔滨军事工程学院学习，放弃去苏联留学的机会，成为哈尔滨军事工程学院组建后的第三期学员。

进入哈尔滨军事工程学院后，防护工程专业选的人不多，因为大家觉得跟黄土、铁锹打交道太土。但我是学员骨干，是班长，便带头服从组织分配，选择了防护工程专业，从此我便与防护工程结缘。1960年大学毕业后，因为学习成绩优秀，又是社会主义青年积极分子，我被送到苏联古比雪夫军事工程学院继续研究生的学习。当时工程兵政治部主任，一位老红军讲，我们国家现在还有很多人连饭都吃不饱，国家还是花了金条送你们去留学。我深知国家的重托，到了苏联，我下定决心不辜负党和国家的期望，刻苦学习，获得了副博士学位。留学归国后，克服困难，潜心做研究，搞教学。

后来组织来考察，选拔我当了工程兵工程学院院长，1994年又当选了首批中国工程院院士。现在回想起来，如果没有抗日战争的胜利，没有人民解放军，没有国家助学金的支持，我将和我的哥哥姐姐一样失学、失业。没有组织的保送，我不可能进入哈尔滨军事工程学院学习；没有组织的选派，也不可能到苏联留学深造；没有组织的培养，更不可能获得今天的成就。

获得国家最高科学技术奖后，我像以前一样把获得的奖金全部捐出，资助我国新疆维吾尔自治区、贵州省的困难学生。因为我觉得，我们现在的幸福生活都是由烈士、先辈流血牺牲和不懈奋斗换来的，他们把生命都献给了党和国家，我还有什么不能贡献的？现在，我们国家的发展还不平衡，还有很多贫困地区的学生需要帮助，如果他们能走出大山，成为对国家和社会有用的人才，那是一件非常有意义的事。

庆祝中华人民共和国成立70周年时，我有幸被邀登上天

安门城楼观礼，聆听习近平总书记的讲话。看到那么多先进的装备亮相，还有幸福洋溢的群众游行，我感觉非常振奋。新旧社会的强烈对比，使我深刻地认识到，没有中国共产党，就没有新中国，也不会有中国人民的幸福生活。我常对老伴和孙辈说，没有党的培养，就没有我的一切。爱党、信党、跟党走是我一生最正确、最坚定的选择。所以我想告诉广大的青年，一定要按照党的要求，树立正确的世界观、人生观和价值观，坚定正确的政治立场，只有这样，人生才不会偏航，事业才能成功。

二、只有把个人的理想和国家民族的前途命运紧密联系在一起，才能有所成就，实现价值

爱因斯坦曾说过：把安逸和享乐当作人生的目标，那不过是猪圈里的理想。我认为，一个人的注意力和关注点在哪里很重要。1950 年，"两弹一星"功勋奖章获得者朱光亚回国前，在给留美同学的一封公开信中这样写道：让我们回去，把我们的血汗洒在祖国的大地上，灌溉出灿烂的花朵。这是多么高尚的情怀。我们熟知的钱学森一回国就建议国家要搞导弹、原子弹，现在回过头看，这是多么具有战略意义的建议。一个人想什么、关注什么，与他的世界观和人生观是密

切相关的。这就是老一辈科学家爱国奉献、无私奉献、科技报国的真实写照。

20世纪60—70年代，我国面临着严峻的核威胁，但我国始终奉行积极防御战略，也就是不打第一枪，但要打好第二枪，确保实施二次反击，这是一项非常重要且艰巨的任务。当时我想，只有筑牢防护工程这面坚固的盾牌，才能确保我国首脑指挥工程和重要战略武器防护工程的安全，才能确保实施二次反击，这是国家国防安全的最后一道防线。自那时起，为祖国铸就坚不可摧的地下钢铁长城就成了我毕生的追求。

20世纪70年代初，我受命进行某飞机洞库门的设计，为了获得准确的试验数据，我赶赴核爆试验现场进行实地调查。现场发现，在核爆后，飞机洞库门虽然没有被炸毁，飞机没有受损，但防护门出现了严重的变形，无法开启，门打不开，飞机出不来，便无法反击。后来我发现问题出在飞机洞库门设计时采用的是手算，计算精度差。经过调查，我认为需要引入当时世界上刚刚兴起的有限元计算理论，但这要用到大型计算机。当时我并没有学过有限元计算理论，也没有学过计算机语言，但是我努力克服困难，翻译整理了10多万字的外文资料，利用当时中国最大的晶体管电子计算机进行计算，设计出了当时跨度最大、能抵抗核爆炸冲击波的抗力量高的机库大门。并基于所取得的成果出版了专著《有限元原理在工程结构计算中的应用》，且于1997年获得了全国科学大会重大科技成果奖。

世间万物，相生相克，有矛必有盾。如果说核弹是军事斗争中锐利的矛，那么防护工程就是一面坚固的盾，矛与盾总能在攻防对抗的过程中碰撞出新的火花。我和我的团队时刻跟踪着新型进攻武器的发展，只要矛，即进攻性武器发展一步，就会研究我们的盾如何更坚固一层。从核空爆到核出地爆，再到核钻地爆，从普通爆炸弹到钻地弹，经过长达几十年的研究，我们攻克了一个又一个难关，突破了一系列技术难题，为我国的战略防护工程装上了金钟罩。

大国间的竞争不仅体现在军事实力上，更体现在综合国力上。作为中国工程院院士，作为一名科技工作者，既要关注增强国防实力，也要关心提高综合国力，谋求人民的幸福。1992 年，珠海经济特区建设机场要炸平一座山，爆破总量达 1085 万立方米，要求一次爆破成功，一半的岩土定向抛入大海，并确保邻近 1000 米的两座村庄的安全。这样大规模的爆破世界尚无先例，难度很大。我带领团队六下珠海，和大家一起研究设计方案和施工方案，分析施工环境，最终成功实施爆破，创造了世界爆破史上的奇迹。

我始终认为，一个有担当的科学家应当向钱学森等老一辈科学家学习，不仅要研究组织交给你的课题，还要站在国家全局进行前瞻性的思考。20 世纪 90 年代末期，为了预防和治理城市的交通拥堵、城市空气污染和城市内涝等城市病，我利用自己拥有的大量地下工程学术资料，率先提出了开发城市地下空间，发展城市地下快速路、地下物流等的建议，领授了中国工程院的第一批咨询课题，先后组织评审了全国20多个重点城市的地下空间规划。由我制定的中国首部城市人防工程设防标准获得了国家人防科学技术进步奖一等奖，并被广泛应用在全国60多个城市的毁伤分析中。

这些年，我还在长江隧道建设、南水北调工程、西气东输工程、港珠澳大桥建设、海底隧道建设、能源地下储备研究和核废料深地储存等方面贡献了自己的知识和才智。我认为这是院士的使命所系，也是作为一名科学家的幸福所在。我常对我的学生说：一定要将个人事业与国家、民族的命运结合起来，哪些事情对国家和人民有利，我们的奋斗和拼搏就要向哪里聚焦，这是一名科学家应有的情怀和担当。事实上，一个人只有始终不忘初心，心怀家国，自觉把个人理想与党和国家的需要紧密联系在一起，才能有所成就，才能更好地实现人生价值，才能收获成功的事业和幸福的人生。

三、科学是老老实实的学问，容不得一点的马虎和心浮气躁

根据我的个人体验，科技的成就或人生的成功有时候看起来就像一个一个偶然的机遇，但我想说，机遇永远只垂青

那些有准备的人。我们要做好迎接成功的准备，这一准备首先是科学基础的准备、基本功的准备。中学和大学扎实的知识功底帮了我的大忙。因为基础打得好，所以自学能力强，能够很快自学以前没有学过的空气动力学、有限元计算理论和计算机程序语言，最终能够独立编写大型计算机程序。而要想打好基础，就要勤奋学习，我深信马克西姆·高尔基所说的：天才出自勤奋。我在哈尔滨军事工程学院就读期间，哈尔滨被称作东方的莫斯科，春天松花江的融冰流动很美，但我一次都没有去看过。求学 6 年我只回过一次家，每个假期，或是为一些老领导、老红军辅助文化学习，或是留校复习、自学，也因此我成为全年级唯一的全优毕业生，每年都被评为优秀学员，并被评为社会主义建设积极分子。留学 4 年，除了莫斯科我没有去过其他城市，到过红场但没有参观过列宁墓，因为排队参观要很长时间，舍不得，上街基本上是去书店或去科技图书馆。

除了知识准备，还要有意志和品质的准备，只有这样才能不畏艰难、不怕挫折、不被干扰。马克思曾说过：在科学上没有平坦的大道，只有不畏劳苦沿着陡峭山路攀登的人，才有希望达到光辉的顶点。我虽然没有达到顶点，但也算登上了科技的高地。在我设计飞机库大门时，没有学过有限元理论、计算机语言，没有编过程序。当时国内只有少数几个单位有大型计算机，我只能在人家不上机的午饭时间和晚上借用他们的计算机计算。这样不规律的饮食，加上劳累过度，使我患上了十二指肠溃疡、胃小弯溃疡和痔疮。但这些困难我都克服了，坚持了下来。

当然，我也经历过失败。在一次核试验中，我设计的柔性大变形的工事试验失败了，摄像机也被打坏了，但是我没有灰心，认真寻找原因，最终发现不是我的计算设计出了问题，是工事的门没有焊接好。找到了原因，问题就解决了。

"文化大革命"时期，由于我岳父的原因，我被禁止参加"革命"。但我不灰心、不气馁，也不当逍遥派，正好利用空余时间钻研以前没有弄透的科学难题，这为我在防护工程领域开疆拓土、创新引领打下了基础。"文化大革命"结束后，在 1979 年的全国性学术会议上，我一下子提交了 8 篇研究论文，震惊了与会同人。由于成绩突出，1980 年恢复职称评审时，助教、讲师都不是的我直接被评为副教授。

遇到挫折不低头，碰到困难不退缩，始终坚持科学研究，那是我人生积淀与进步的一个重要时期。如何做到不怕困难、不怕挫折、不被干扰？我想，一个人只有怀着坚强的事业心，才能有巨大的动力，才能沉得下心，耐得住寂寞，不被名利干扰，才能不断拼搏进取。在我的人生中，烈士、英雄、伟人的事迹对我有很大的影响，只有不断学习他们的光辉事迹，以他们的思想和言行照亮我前进的道路，才能使奥斯特洛夫斯基、黄继光、董存瑞，一个个英雄人物激励我不断前进、不断成长，才能让我永葆革命的青春。

四、只有正确摆正个人和组织关系，摆正个人和集体的关系，摆正个人和群众的关系，才能顺利前进

2019 年 1 月 8 日，习近平总书记在国家科学技术奖励大会上为我颁发了国家最高科学技术奖。我深知，这份荣誉和褒奖不属于我个人，它归功于党和政府对我们科技人员的关心，归功于社会和国家对科技创新的尊重，归功于领导同志们对我的支持和帮助。科学技术研究是集体的事业，我能参加核试验，领受和完成科研任务，离不开组织的支持。我能完成跨度最大、抗力最高的飞机洞库大门的实际计算，是团队和原济南空军设计研究所共同支持和帮助的结果。我能当上教授、中国工程院首届院士，是我国老科学家张维，李国豪的推荐和提携。我所获得的国家级的科技奖项，都是我的团队和合作团队集体奋斗的结晶。我连续三届担任中国岩石力学学会理事长，连续四届担任中国土木工程学会防护工程分会理事长，是防护工程领域同志信任、支持的结果，乃至我个人能当上中国人民解放军工程兵工程学院院长，当上全军爱国奉献优秀干部典型，也是学院广大干部大力支持的结果。

总结我的一生，我深深地体会到，一个人没有大家的支持，就不可能有什么进步和发展，作为科技工作者更是如此。

我常说：要得到别人的支持，首先要支持别人，一个领导要得到群众的支持，就要树立和实践邓小平同志提出的"领导就是服务"的理念，只要大家在吃苦担当的时候自己能往前冲，排名报奖的时候学会往后靠，就一定能获得他人的支持。著名数学家华罗庚说过：人家帮我永志不忘，我帮人家莫记心上。我们要把助人为乐作为人生准则。

我的一生有一个最大的课题，那就是培养优秀人才、打造优秀团队。在我的团队里，70%的科研项目由年轻人担纲完成，完成一个课题，培养一批技术骨干，取得一项成果，带出一批创新能手。数十年来，我们团队先后建成了国家重点学科、国家重点实验室和国家军队创新研究群体，涌现出多位长江学者、新世纪千百万人才、全国优秀科技工作者、全军科技领军人才、国家自然科学杰出基金获得者、优秀中青年专家，团队也成了实力雄厚的科技创新和人才培养基地。

2009年，我作为中国岩石力学与工程学会理事长，主动放弃提名竞选国际岩石力学学会主席的机会，并举荐了学会副理事长，中国年轻学者冯夏庭。我的理由很简单，世界岩石力学研究的中心在中国，冯夏庭年轻，有能力、有担当。终于，冯夏庭成了有史以来我国唯一担任国际岩石力学学会主席和少数国际大型学会主席的中国专家。任何事业都是集体的事业，不是个人单打独斗就能成功的，青年人成功一定要培养自己良好的团队精神，处理好个人和集体的关系，团结力量干大事。

　　我今年已年满 82 周岁，2018 年年底已经退休，但是现在接受了返聘，担任军事科学院的首席科学家，继续担任火箭军的首席工程专家、空军的工程建设顾问。我觉得还有很多事情要做、想做、能做，在我有生之年，我将始终做到无需扬鞭自奋蹄，继续在防护工程领域、地下工程领域潜心研究、带好学生、培养人才、关心团队建设，为国家铸就钢铁强盾，为国家的重大工程做出新的更大贡献。

　　人最宝贵的是生命，生命对所有人只有一次，我牢记奥斯特洛夫斯基的名言："人的一生应当这样度过，当回首往事的时候，他不至于因为虚度年华而悔恨，不至于因为碌碌无为而羞愧；虚度年华而悔恨，也不会因为生活庸俗而愧疚。这样在他临终的时候，他就能够说，我已把整个生命和全部的精力献给了世界上最壮丽的事业——为人类的解放而奋斗。"我衷心希望广大青年科技工作者能够大力弘扬科学家精神，立鸿鹄志，做奋斗者。在自己的领域有大的建树和作为，努力成为实现中国梦的栋梁之材。

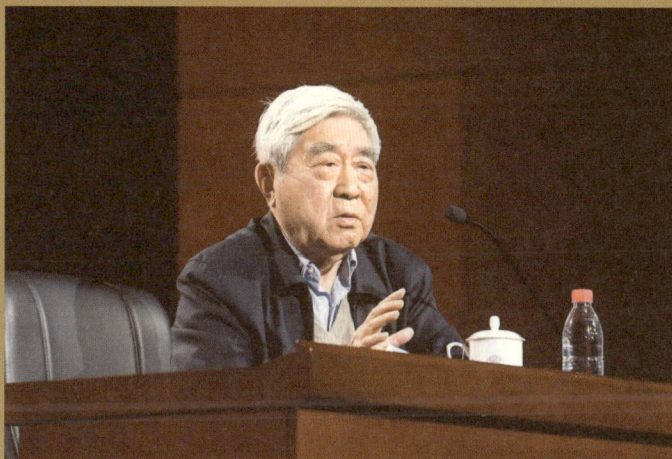

戚发轫

传承航天精神　建设航天强国

核心问题就在于"自力更生，艰苦奋斗"，一切靠自己，靠不了别人，当年为了解决"有无"问题要自力更生靠自己，现在要解决"赶超"问题，要超过别人更要靠自己。

世界潮流是后浪推前浪，一代比一代强，虽然现在面临挑战比以前严峻，但是，因严峻而光荣，我相信，全国这一代年轻人一定干得比老一代好。

要做一项学问或者做一个学者，或者作为一个工程师，要想成功，要想前进，必须要严格，要实在，来不得半点虚假。

戚发轫　1933 年 4 月出生，中共党员。空间技术专家，神舟号飞船首任总设计师，中国工程院院士，国际宇航科学院院士，第九、十、十一届全国政治协商会议委员会委员。曾任研究室主任、总体设计部副主任、研究院副院长、院长，同时担任过多个卫星型号和飞船的总设计师；北京航空航天大学宇航学院院长；国际空间研究委员会中国委员会副主席。现任中国航天科技集团有限公司科技委顾问，中国空间技术研究院技术顾问，北京航空航天大学宇航学院名誉院长。

曾获国家科学技术进步奖特等奖 2 次，一等奖、二等奖、三等奖各 1 次，航空航天部劳动模范，全国"五一"劳动奖章获得者，国家级有突出贡献中青年专家，享受政府特殊津贴。2000 年获中国工程科技奖；2003 年获求是杰出科技成就集体奖，获 2003 年度何梁何利基金科学与技术进步奖（技术科学奖）；2016 年被评为全国先进科普工作者；2019 年获国际宇航联合会"名人堂"奖；2020 年被中宣部、教育部评为"最美教师"。

　　我以老科技工作者的身份，用我经历的中国航天的历史、中国航天的成就、中国航天的文化，来谈一个年轻的科技工作者具有高尚的科学道德、严谨务实的学风有多么重要。

　　50年前，中国第一颗卫星"东方红一号"发射成功了；50年来，在党的领导、全国人民的努力、航天人的奋斗下，我国成为航天大国。2020年，有四件事情说明我们是一个称职的大国。2020年5月，"长征五号B"将中国新一代试验飞船发射成功，意义重大。"长征五号B"是构建中国空间站的专用运载火箭，运载能力25吨。新的试验飞船有了这个大的运载火箭，以前神舟飞船只能坐3个人，现在可以坐7个人，而且可以多次使用，也是多功能的，应该说意义很大。6月，北斗三号全球卫星导航系统最后一颗星发射成功，不仅能够为中国服务，而且能为世界服务，7月31日，习近平总书记宣布北斗三号全球卫星导航系统启用了。7月，我国用长征五号运载火箭将天问一号火星探测器发射成功，现在运行正常，预计2021年2月可到达火星。11月，我国用"长征五号"把"嫦娥五号"送到月球上，取得样品再返回地球。这四件事情说明我国已是一个航天大国。50年来，老一代科技工作者把中国的航天事业从一无所有变成了一个大国，很不容易。我们解决了什么问题呢？解决了"有无"问题，人家有，我们没有；现在，我们有了，也不比他们差，这一点是很明确的。但是我们还不是一个强国，习近平总书记在 2016 年讲过：探索浩瀚宇宙，发展航天事业，建设航天强国，是我们不懈追求的航天梦。这个梦还没有实现，老一代人完成了成为航天大国的任务，下一步就是由年轻的一代完成成为航天强国的使命。这是民族、历史交给你们的任务。年轻人要明确肩上的担子有多么光荣，有多么艰巨，也很有挑战性。

要想成为一个航天强国，我们靠什么？除了依靠党的领导、全国人民的支持，还要有梦想。习近平总书记在 2019 年"嫦娥四号"发射成功的时候说过这样一句话："伟大事业都始于梦想、基于创新、成于实干。"梦想很重要，我们每个人都要有一个梦想，这是一个起点。梦想是一个理想、一个信念、一个目标，有了它就有动力和方向。航天事业走到今天靠的是什么？是航天历史的实践铸就了航天事业的文化和精神。我国一直都很重视精神和文化的建设，如 1999 年提出的"两弹一星"精神。2016 年，习近平总书记就看到了文化精神建设的重要，把每年的 4 月 24 日，即第一颗卫星上天的日子定为航天日。这是什么目的呢？就是铭记历史，传承精神，激发全国人民尤其是青少年崇尚科学、探索未知、敢于创新的精神，为中华民族伟大复兴积蓄人才力量。习近平总书记为此专门召开了座谈会，要提倡科学家精神。这非常重要，一个科学家要有一种精神，要有一种信念，要有一种道德，要有一种风气。航天系统也形成了自己的文化，有三种精神。

第一，航天精神。"自力更生，艰苦奋斗，大力协同，无私奉献，严谨务实，勇于攀登。"每一句话都可以讲一个故事，但核心问题就在于"自力更生，艰苦奋斗"，一切靠自己，靠不了别人。当年为了解决"有无"问题要自力更生靠自己，现在要解决"赶超"问题，要超过别人更要靠自己。1957年，我从北京航空学院（现北京航空航天大学）毕业，被分配到国防部第五研究院。这个单位成立于1956年，开始是研究导弹的，这60年的历史我都经历过了。那个时候，我是学航空的，但是要研究导弹。研究院人不太多，既有以钱学森为首的国外回来的老同志，也有新来的大学生，只有院长钱学森研究过导弹、见过导弹，其他人谁都没有见过导弹。很荣幸，钱老给我们上《导弹概论》的课，讲什么是导弹，导弹需要什么技术、需要什么学科。1957年，苏联答应帮助我国研究导弹，他们确实派了专家，带来了资料，还来了一个导弹营，带了两发真的导弹。而我很荣幸在1957年毕业就能到导弹营当兵，接触了导弹，而且我被分到技术连，接触得更多。但是好景不长，1958年，中苏关系紧张，到1960年，苏联撤走了专家，拿走了资料，而且提供了很多不准确的数据，给我们带来了很大困难。但是那个时候就靠我们自己，他们临走时说中国的液氧杂质太多不能用，用了就可能爆炸，而经过我们自己的实验研制，我们用自己的液氧发射成功了。

但是这个导弹很落后，是第二次世界大战中德国人用过的导弹改造了一下给我们。我们要搞自己的，我们搞"东风二号"，但因没有经验，1962年发射失败了，对我们的打击很大。失败是成功之母，总结经验再干，到1964年就发射成功了。这说明什么呢？说明人家不会永远帮你，要靠自己，从那开始以后一直到今天，凡是你没有的，人家绝对不给你，经过努力咱们自己研究差不多时他要卖给你了，但给你的不是先进的东西，所以航天人现在必须靠自己。现在年轻人面临的更严峻的挑战是要超过人家，人家让你超吗？美国为什么这么卡我们？是因为我们离他很近了，以前差得很远，他不害怕；现在差得不多了，他紧张了，他卡你。我们要超过他，怎么办？要自力更生靠自己，这一点我们有很深刻的体会。

第二，"两弹一星"精神。这是于1999年提出来的，"热爱祖国，无私奉献，自力更生，艰苦奋斗，大力协同，勇于登攀"。字面上有很多相同的，但是加了一条，是什么呢？热爱祖国。20世纪50—60年代，那时的爱国不需要教育，是自发的，因为我们那一代人都经历过中国旧社会的落后挨打。我生在大连，读高中时，赶上抗美援朝，志愿军伤员都是通过船从前线运到大连，高中学生要从船上把志愿军伤员抬到码头。苏联有驻军，有军事医生，将伤员分类送到医院，所有的伤员大部分都是被美国飞机扫射轰炸受的伤，惨不忍睹，我们体会到有了国家，国家不强大还会受人欺负。我们没有制空权，我就下决心学航空、造飞机保家卫国。1952年，北京航空学院成立，我报考了这个学校。这就是我的理想、信念。改革开放后，年轻一代的同志没有这个经历，所以要进行爱国教育，这一点很重要。人最大的爱、最高尚的爱是爱国家、爱事业、爱团队、爱岗位，当然也包括爱你的父母、爱你的子女。因为只有有了爱，才能够把最宝贵的东西奉献出来。"两弹一星"是指导弹、原子弹和卫星，我很荣幸赶上了"两弹"结合，由于有这种信念，任何困难都可以克服了，"两弹"结合是什么意思呢？把原子弹装在导弹上成为核武器，这要做试验。美国在太平洋做试验，苏联在北冰洋做试验，中国人怎么做？只能在中国国土上做，从酒泉发射到新疆，打成了了不得，出了事就不得了。但是我们就是在自己的国土上试成了，空前绝后。我们要有这种精神。

第三，载人航天精神。"特别能吃苦，特别能战斗，特别能攻关，特别能奉献。"载人航天工程在 1992 年立项，用了11 年时间将杨利伟送上天，这个队伍很过硬。我是亲历者，后来悟出一个道理，就是国家有特殊需要的时候，中国人、航天人要有这么一种精神。为什么说载人航天特殊呢？ 1992年，社会上流传一句话"搞导弹的不如卖茶叶蛋的"，改革开放后，思想也多元化了，航天五院在中关村是一个很开放的地方，社会上诱惑很大，很多年轻人出国、下海，到了民企、外企，为什么呢？因为他的待遇太低了，他要养家，所以他们走了。我当时是院长，心里很难受，但是我不能责备他们，他们没有什么错。中国载人航天工程上马时，立了军令状争

八保九，争取 1998 年发射，确保 1999 年发射。国家任务需要有人留下来，而在这个时候，有一大批甘于拿卖茶叶蛋的钱的人干国家任务，比如空间站总设计师杨宏，现在新的试验飞船总设计师张柏楠，还有袁家军就是那个时候留下来的。他们这些人在当时的情况下留下来做这件事情，我很佩服他们，很赞扬他们，很敬佩他们。军令状是争八保九，要保证航天员能够安全地、舒适地回来，不是一件很简单的事情，当年"东方二号"导弹失败的最大教训是地面没有做充分试验，把问题带到天上去了，要想保证上天安全，要做充分的地面试验，所以我们要有一个非常先进的、完备的地面试验设施。就是现在的航天城，没有它不行，我很明白，因为我经历过。从征地、盖房子、研制设备开始，花费了时间，到1998 年年底，中央很关注。按照航天的程序，做地面试验叫初样，做了试验以后，暴露了问题，改进了设计再生产一批，叫正样，已经到 1998 年年底了，明年就是 1999 年，是国庆大庆，澳门要回归，还有阅兵，得想办法发射。这给我们很大压力，怎么办？确实困难很多，但是国家有这样的特殊要求，我们得想办法，但是我们很实事求是，中国做的返回式卫星，外面跟航天飞机一样都烧坏了，里面仪器经过测试还比较好，还能够用，大家共同讨论提出一个方案：能不能将在地面经过试验的设备改装成为 1999 年发射的"神舟一号"飞船，我们觉得根据实践经验是可行的，有没有风险？有风险，我们得承担风险，我们得敢于承担这个事情。现在来看，我们确实有创新、有超前的意识。美国的马斯克的太空探索技术公司做重复性使用的运载火箭，运载火箭把卫星送上去后回收修理，再发射，是屡战屡败，屡败屡战，最后成功了。我们的想法跟他一样，现在的我们也做到了，飞船可以重复使用了。经过努力，五院成为飞船总体设计单位，得有人出任总设计师，我怎么想也想不到会让我当总设计师，因为那时候我已经59岁了，再过一年该退休了，我没有出过国，只是本科毕业，而当时的年轻人都是硕士、博士。我说，袁家军在德国学习过，该他们了。领导想了想说，他们学位比你高，基础也比你好，也比你年轻，也有活力，但是他们经验太少，差了一代人。你经验多，还得干。59岁做飞船总师，我确实没有这个胆量，也没有这个本事，因为我知道载人航天人命关天，美国人为此死了不少人，俄罗斯也死了不少人，但是我们要求中国载人航天不能死人，出了问题可以，但是航天员得救回来。在苏联（俄罗斯）发射飞船的时候总设计师要对航天员讲，一切都准备好了，你上去吧，一定能回来，并签字。我那时候去现场参观过，现在让我干这个事，我确实压力很大，我想到那个时候我能签这个字吗？我能说你上去一定能回来吗？但是国家需要，我就接受了这个任务。干了11年，把杨利伟送上天，这就是国家的特殊需要。到了2003年，全国协作单位把"神舟五号"需要的东西送到航天城，我们要验收、总装、测试、试验，要一两个月才能送出去，人来人往，要怎么保证"非典"不感染我们的人呢？我当时说，从今天开始，凡是进入航天城的人，管吃管住，就是不能回家，不能出去。很残酷，但是国家需要，任务需要。所有人都顾全大局，坚守岗位，不仅从航天城送走了"神舟五号"，很多人也同时随飞船进驻了发射基地。

2020年，疫情频发，航天人完成多项任务，在试验室、在车间、在发射基地不能回家，现在可以视频电话，以前还没有这个条件，就是要有这种精神，国家有特殊需要，我们就这么办了。我说这个是什么目的呢？是让青年同志们知道，我们现在面临的任务比老一代的时候更有挑战性，更有艰巨性，很需要这种精神。没有这种精神，遇到的困难会更多。现在的困难不是我们那个时候的困难，我念北航的时候在哪儿吃饭？露天吃饭，端着饭碗在外面蹲着吃饭，没有房子，现在没有这种困难了。但是现在攻关困难更多，所以更要有这种精神，这对一名科技工作者来讲是非常重要的。

国家领导非常重视这件事，应该说是科学家精神的核心，虽然习近平总书记说了六条，但最重要的一条还是爱国主义，我们要有一个梦，要有强国梦，强国梦首先要爱这个国家，爱这个事业，爱这个岗位，爱这个团队。我们每一个中国人把自己的岗位工作做好了，那就是爱国，我们不需要像长征、解放战争时抛头颅、洒鲜血，而是把宝贵的知识、时间、精力献给你的岗位，献给你的团队，献给你的事业，献给你的国家，我觉得我们能做到。年轻同志要明确自己现在肩上承担的任务，要完成这个任务需要很多条件，一个重要条件就是要有一种精神，要有一种理想和信念。

我国航天领域取得很大的成绩，说是大国还不是强国，表现在三个方面：第一，我们有进入太空的能力。我国第一颗卫星 173 千克，173 千克很了不起，因为美国、俄罗斯、日本、法国他们的第一颗卫星重量加在一起也没有 173 千克。虽然我们是第五个发射卫星的国家，但是我们进入太空的能力不差，我们的第一颗卫星比前四个国家的第一颗卫星的重量加起来都大，很了不起。现在，我们的运载能力从 173 千克到了 25 吨，与世界各大国并列。他们当年有 20 吨以上的卫星，我们没有，经过努力，我们有了，比他们还大。但是够不够？不够，中国人要到月球上去 25 吨不够，需要 80 吨。第二，利用太空的能力。上天的目的是利用太空的资源，地球资源越来越枯竭，如石油、天然气、煤炭等，在人越来越多的情况下，我们要活得好，科学家讲了三条路：一条路上天，一条路下海，一条路入地。利用天上的资源靠什么呢？就是靠运载火箭把航天器送入轨道。航天器包括各种各样的卫星、载人航天器、深空探测器。我国是世界上卫星数量第二多的国家，每年发射卫星是最多的。目前载人航天工程已经完成两个步骤，从 2021 年开始组建空间站，到了 2024 年左右，就能够把中国的空间站建成。现在世界上只有三个国家建过空间站，美国的空间站是 16 个国家建的，俄罗斯是自己建的，我国也是自己建的。在深空探测技术上，我们做到了至今外国人没有做到的事，把我们的"嫦娥四号"送到月球背面，"嫦娥五号"从月球取回了样品，我们也在做火星探测。在利用太空资源的能力方面，有三个特殊的日子是中国航天的三大里程碑事件：1970年4月24日，中国第一颗卫星上天；2003年10月15日，杨利伟上天；2007年10月24日，"嫦娥一号"脱离地球到月球轨道。第三，保卫太空能力。天是国家主权的第四个疆域，领土、领海、领空、领天，这是国家主权，我们得有这个能力。2007年1月，用一颗导弹把我们自己的失效的卫星打下来，说明我们有这个能力。应该说，我们已经取得一定的成绩，但还不是强国，因为我们有很多事情还没有做到。整个太阳系，我们只去了月球，月球只是地球的卫星，我们还没到火星，其他行星也还没去，应该说这方面还是有差距的。

中国的航天成功率是很高的。为什么很高？就是有一个很好的风气，很好的作风。"两弹"结合的时候，周总理提出"严肃认真、周到细致、稳妥可靠、万无一失"，就是不能失败，这是需要严肃认真对待的。航天的质量建设四个字是"严慎细实"，航天精神的最后一句话是"严谨务实，勇于攀登"。要做一项学问或者做一个学者，或者作为一个工程师，要想成功，要想前进，必须要严格，要实在，来不得半点虚假。

我一辈子经过两件事给我压力很大。第一件事，1970年，"东方红一号"发射，是在"文化大革命"那个特殊时期，卫星要播放《东方红》乐曲，假如《东方红》乐曲不能正常播放，变调或乱叫，影响有多大？所以周总理很关心。发射之前，周总理把我们从基地找回来，我们有管运载火箭和其他的，我是管卫星的。周总理问我说，戚发轫，"东方红"卫星上天能不能准确播放《东方红》乐曲，会不会变调或乱叫？我很难回答这个事情。我是这么回答的：我能想到的，在地面能做的试验我都做过了，都没有问题，就没有上过天。现在看起来这个回答不规范，但我说实话，跟总理交代了，总理认可了。一切东西都不能掺假，万一遇到什么问题呢？总设计师要跟航天员交底，杨利伟上天的时候，我们的总指挥和总设计师是要跟航天员讲，说我们准备好了，一切试验都做完了，没有问题，你可以去。能说假话吗？以前那些数据、那些试验能掺假吗？不能。我们航天人不能做任何一点虚假的东西、冒充的东西、不经过考验的东西。我们有几条"归零"要求，已经成为国际标准。假如出现一个事故，要做到五条才能归零。第一，定位准确；第二，机理清楚；第三，故障复现；第四，措施有效；第五，举一反三。航天事业多余物是一种危害，由于管理不善、不认真，把很多不该带上天的东西带进去了，到了天上以后，因失重而到处飘，造成灾害性的问题。我们总装过程中对工具管理很严格，下班、上班之前要检查用的工具有没有多、有没有少。有一次，一个同志家中电器坏了，需要一种特殊工具，他把工具拿回家忘带回来。第二天检查少一个，一般情况是如实说，我拿到家里修电器了，拿回来就好了。他不说，他很紧张。少了工具，如果是到了导弹和火箭里就不得了，全车间都找不到。保卫部门介入，他很紧张害怕，后来把工具扔了。最后到了公安部门，变成刑事案件，他承认是拿到家里去了。为了这个事情影响了整个进度，带来非常大的问题。如果不懂，犯了错误可以理解，但犯错误后却提供虚假信息，人的尊严就没有了。我们现在面临一个严峻的挑战，全国都提倡科学道德和学风建设，对我们来说太重要了。道德高尚、学风严谨是我们年轻人需要重视的事情。

世界潮流是后浪推前浪，一代比一代强，虽然现在面临挑战比以前严峻，但是，因严峻而光荣。我相信，全国这一代年轻人一定干得比老一代好。

樊锦诗

守一不移　奉献敦煌

石窟考古报告这项工作，一定要秉承科学精神，对文化遗产负责，必须求真求实，来不得半点虚假，绝不能马马虎虎，一定要脚踏实地，甘坐"冷板凳"，做好一个一个细节，才会产生合格的成果。

敦煌石窟数字化这件事使我体会到无论科学研究，还是科学管理，要有问题意识，善于发现问题、抓住问题，善于深入思考、探索研究问题，善于妥善有效解决问题。

我心中只有一件事，那就是敦煌石窟。只有在敦煌石窟，我的心才能安下来。因为那儿庄严、圣洁、安静。敦煌石窟遇到问题我就忧虑，得到保护我就高兴。我能为敦煌石窟做一点事，是我最大的安慰、最大的喜悦、最大的幸福。我已年过八十，如还能为敦煌石窟做点事，仍将尽我的微薄之力。

樊锦诗　1938 年 7 月出生，中共党员。著名敦煌学
　　　　家、石窟考古专家、文化遗产保护管理专
　　　　家。现任敦煌研究院名誉院长，研究馆员，
　　　　中央文史研究馆馆员。

长期从事石窟考古、石窟保护与管理等方面的研究，为
敦煌石窟的保护、研究、弘扬事业奉献了一生的心血和精力，
极大地提高了敦煌石窟科学保护和管理的现代化水平。

先后荣获全国优秀共产党员、全国杰出专业技术人才、
全国先进工作者、100 位新中国成立以来感动中国人物、改革
先锋、"文物保护杰出贡献者"国家荣誉称号等，被誉为"敦
煌的女儿"。

一、魅力敦煌　文化宝藏

　　我想在座各位可能听说过敦煌莫高窟，有的可能还去过吧。因我的工作与敦煌分不开，所以先给各位简单介绍一点敦煌石窟。敦煌及其所在的甘肃省河西走廊，在公元 9 世纪之前古代海运尚不发达的时候，是陆上中国通向西域的主要交通干道，也就是 19 世纪开始所称的"丝绸之路"。位于古丝绸之路"咽喉之地"的敦煌，在古丝绸之路兴盛和繁荣的一千年间，东西方文明在此长期地交融荟萃，催生了千年艺术圣殿的莫高窟和古代典籍宝藏的藏经洞。灿烂辉煌的莫高窟艺术，为世人展现了延续千年的建筑、彩塑、壁画、音乐、舞蹈、书法等多门类艺术；尤其独特的是，敦煌壁画保存了大量唐代和唐代以前的人物画、山水画、建筑画、花鸟画、故事画、装饰图案画艺术的真迹；呈现了中古社会广阔的文化、风情和民俗场景；展示了丝绸之路上多元文明荟萃交融的历史画卷。同样，藏经洞是一座中国古代社会历史、政治、经济、文化、艺术的图书馆，是对古代社会综合全面的原始记录，反映了古代社会多方面的真实面貌，是名副其实的文化宝藏。莫高窟艺术和藏经洞文献，为人类中古社会保存了中国乃至欧亚广大地区的历史、地理、政治、经济、宗教、民族、民俗、语言、文学、艺术、科技等多门类学科的珍贵资料。敦煌石窟文化遗产，是通过丝绸之路两千多年来和印度文明、希腊文明、波斯文明等世界几大文明与中华文明交流、汇聚的结晶，体现了丝绸之路沿线许多国家共有的历史文化传统。

一百多年来，在国际上形成了以莫高窟和藏经洞文物为研究对象的显学——敦煌学。今天，莫高窟及藏经洞以超越时空的非凡魅力，成为中华优秀传统文化的杰出代表乃至世界文化的绝世瑰宝。季羡林先生曾指出："世界上历史悠久、地域广阔、自成体系、影响深远的文化体系只有四个：中国、印度、希腊、伊斯兰，再没有第五个；而这四个文化体系汇聚的地方只有一个，就是中国的敦煌和新疆地区，再没有第二个。"季先生的话充分说明了敦煌在世界文化史上的重要地位。

守一不移　奉献敦煌

我出生于北京，成长于上海，1958年求学于北京大学历史系考古专业。那是一个激情燃烧的年代，刻苦学习，努力使自己成为国家需要的人才，是当时北大学子共同的梦想。1963年大学毕业，我被分配到甘肃省西部戈壁沙漠中的敦煌文物研究所。家父得知后，给校领导写了一封信，希望学校能考虑我的身体状况，予以照顾，重新分配工作。拿着家父的信，我很矛盾，经过反复考虑，我选择去敦煌，没有将家父让我转呈的信交给校领导。因为我已经向学校承诺服从分配，说到一定要做到，不可言而无信。更重要的是"国家的需要，就是我们的志愿"是这一代大学生的共同志向，我就服从分配到了敦煌文物研究所（现敦煌研究院前身）工作。

虽然敦煌莫高窟精美绝伦，但是改革开放之前，莫高窟保管机构——敦煌文物研究所的职工，住土屋、喝咸水、点油灯、没有电、没有卫生设备，物资匮乏，环境闭塞，荒无人烟。我在敦煌工作一段时间后，特别是结婚生子以后，一家分为三处，不止一次产生过离开敦煌的想法。可是，在敦煌待的时间越长就越会对敦煌产生不能割舍的感情，特别是当我认识到敦煌石窟无与伦比的珍贵价值，想起前辈们当年在极其艰难的条件下，开创了敦煌事业，他们视敦煌石窟如自己的生命，为敦煌奉献一生，我越来越认识到敦煌莫高窟的保护、研究和弘扬是一项非同一般的崇高事业。敦煌有很多工作要做，可当时从事石窟考古的专业人员几乎没有，我还没有怎么做考古工作，就这样离开，心里倍觉不甘和惭愧。我想，既然敦煌事业需要我，我要以前辈为榜样，应该留在敦煌，为敦煌石窟事业做一点贡献。

我的丈夫彭金章是我大学的同窗好友，他为了支持我，主动放弃了武汉大学的商周考古教学，来到敦煌改行从事石窟考古，他的到来解决了我们两人长期分居的问题，也使我彻底安心留在敦煌工作。敦煌莫高窟的重要、北大的精神和丈夫的理解与支持，激励我心无旁骛、全身心投入敦煌石窟的保护、研究、弘扬工作，决心尽我所能做好敦煌的保护和研究工作，把世界文化遗产——敦煌莫高窟建设成为名副其实的世界遗产博物馆。

转眼，我在敦煌 57 年了。我这一生就做了一件事，就是守护和研究世界文化遗产——敦煌莫高窟，半个多世纪，我几乎天天围着莫高窟转，我丝毫不觉寂寞，不觉遗憾，莫高窟已经成了我生活中不可分割的一部分，我白天想的是敦煌，晚上梦到的还是敦煌。能为敦煌做点事，我无怨无悔，它值得我为其奉献一生。这是我作为一名文物工作者的历史使命和职业操守。

二、直面挫折　勇于修正

我是一名考古工作者，我个人从事的石窟考古是敦煌学研究中一项重要的基础性研究工作。说起石窟考古，我不能不想起一件终生难忘的往事。大学毕业离校前的一天，新中国考古学的开拓者、奠基人之一，北大历史系考古教研室主任苏秉琦先生突然派人来找我，专门把我叫到他在北大朗润园的住处。苏先生对我说："你去的是敦煌。将来你要编写考古报告，编写考古报告是考古的重要事情。"苏先生还让我知道考古报告是要留史的。我突然意识到学校把我分配去敦煌莫高窟，其实是要赋予我一项重任，那就是从事敦煌石窟考古研究，特别是要做好敦煌石窟的考古报告。

苏先生一番叮嘱的分量，我永远不会忘记。可是，"文化大革命"前做业务的时间极短，接着便是十几年的内乱和无序。到改革开放，敦煌文物研究所的各项工作才恢复正常。然而，自己还没有为莫高窟做多少工作，一晃二十年光阴已经流逝，内心很着急！我想尽快恢复石窟考古报告的工作，可是做来做去没有什么进展，相反越做越难做，为此，我深感苦恼、焦虑、无奈，也非常内疚。

那么，编写敦煌石窟考古报告为什么会遇到难题？怎样才能做好石窟考古报告呢？经过反复思索，虽有客观原因，但主观原因在我自己。我作为考古报告编撰的负责人没有深入钻研，没有下足功夫，没有真正负起责任，就按照一般考古报告的方法动手做石窟考古报告，所以遇到了不少难题。

为了克服难题，做好一卷真正的石窟考古报告，我经过查找资料、深入思考、艰难探索的过程，发现了做不好石窟考古报告的几个原因。

第一，我们把莫高窟的考古工作想得过于简单。在敦煌研究院开始做这本考古报告之前，没有先例可循。虽然日本学者采用文字、照片、测量、拓片等手段编写出版了大型《云冈石窟》报告，那也只能算是考古调查报告，称不上是真正的石窟考古报告。我们开始做的只是几个洞窟组成的第一卷考古报告，实际不是只做一卷，而是要做敦煌石窟全部数百个洞窟的多卷本《敦煌石窟全集》记录性考古报告，这是一项艰巨、浩繁、长期的系统工程。可是，对于数百个洞窟的多卷本考古报告，我们却没有制订分卷编排的总体计划。

第二，没有明确什么样的考古报告才是真正合格的考古报告。

第三，没有明确要采用什么样的技术、手段和方法，才能做好真正合格的考古报告。

所以，造成对很多新问题和困难估计不足，导致整个工作举步维艰，推进缓慢。

我作为一名考古学的科研工作者，必须对历史负责、对敦煌石窟文化遗产负责，不辜负北大和师长的嘱托，必须交出真正的石窟考古报告。我认识到做好真正的合格的考古报告，首先要制订涵盖敦煌石窟全部（数百个）洞窟的多卷本《敦煌石窟全集》记录性考古报告科学地分卷编排的总体计划，规范考古报告的编撰方法，这样才能保证这项系统工程长久与坚持做下去。

其次，敦煌石窟所有洞窟的内容极为丰富，结构复杂而极不规整，除了对眼睛所观察到的各种现象做出全面、翔实、客观的文字记录，还要将遗迹及其呈现的各种现象毫无遗漏地记录下来，这样的记录才能成为真正留史的敦煌石窟科学的档案资料，甚至在洞窟破坏了的时候，可以根据考古报告进行全面复原。所以，真正的石窟考古报告的目标就是能全部、准确、成体系地记录洞窟所有遗迹的全面、科学、系统的记录性石窟考古报告。

再次，为了保证真正达到全面、科学、系统的记录性石窟考古报告的目标，我们采取了增强考古报告的团队力量，组合文理兼有的多学科专业人员参与，并且与北京大学等专业测量机构联合攻关，采取了相应的科学技术方法和手段。这样，必须打破过去仅限于文字、绘画和摄影结合的方法和手段，改为综合采用考古学、历史学、美术史、佛教、测量学、计算机科学、摄影、化学、物理学、信息科学等文理学科相结合的方法和手段。

最终我们用了约30年时间编撰完成了《敦煌石窟全集》第一卷《莫高窟第266—275窟考古报告》。完成的石窟考古报告是真正的石窟考古报告，初步形成了石窟考古报告编撰的规范方法，做到了既是全面、科学、系统的敦煌石窟档案资料，又是使其信息能永久保存、研究、利用乃至全面复原的基础和依据，对满足国内外学者和学术机构的研究，推动敦煌学深入发展，以及完善敦煌石窟保护，都具有重要价值。

石窟考古报告是一项基础性的考古研究工作。经历了反复的失败和挫折，最后拿出了合格的成果。对我来说这是次难忘的经验教训，石窟考古报告这项工作，一定要秉承科学精神，对文化遗产负责，必须求真求实，来不得半点虚假，绝不能马马虎虎，一定要脚踏实地，甘坐"冷板凳"，做好一个一个细节，才会产生合格的成果。

三、正视困难　探索解难

1961 年，国务院颁布的《文物保护管理暂行条例》规定，各级文物保护单位，必须要做到四有：有保护范围，有标志说明，有专门机构管理，有科学的记录档案。1977 年，我任敦煌文物研究所副所长，发现研究所只做到了三有，而没有科学的记录档案，这是保管机构必须完成的工作，所以我就负责安排组织编制敦煌石窟档案，要求一个洞窟做一本简明档案。每本档案除要有简明的文字和平剖面图的记录外，至少要有 6 张记录照片。

为了解石窟文物保存状况是否变化，编制文物的科学记录档案除记载文物保存现状，还要与过去的老照片比对。当我看到 1908 年法国人伯希和拍摄出版的《敦煌图录》时，大吃一惊，对比照片可以发现现在的敦煌石窟壁画、彩塑等文物，或退化，或模糊，或丢失，已经大不如七八十年前那么清晰和完整了。又有人告诉我，随着时间的推移，档案照片及其胶片会变色、变质。这次做档案和查旧档，我目睹了敦煌石窟文物在衰变、退化，我无法不想如果石窟文物继续持续的衰变、退化，敦煌石窟是不是最终会消亡呢？怎么能让敦煌石窟这样的世界稀有之瑰宝消亡呢？本来希望档案的照片和胶片能长久保存石窟文物的信息，现在连档案照片和胶片也会变色、变质，等于在告诉我石窟文物信息也无法保存下来。

敦煌壁画在退化，档案照片也无法保存其信息，当时又没有什么技术可以永久保存石窟壁画信息，怎么办?! 那一阵子，我经常在想这个问题，走路、吃饭、睡觉都放不下，怎么才能延缓壁画的退化，又可以把壁画的历史信息真实地保存下来，以免壁画退化到一定程度，就连历史信息都没有了。为对历史负责、对千年创造敦煌石窟的艺术家负责、对国家和人类负责，我觉得自己有责任既要加强敦煌石窟文物本体的科学保护，延缓其寿命，又要想方设法找到为敦煌石窟艺术留下永久保存真实历史信息的方法。

20 世纪 80 年代末，我到北京出差，一个偶然的机会第一次看见有人使用电脑，在电脑上展示图片。当得知图像数字化后储存在计算机中可以永远不变的信息后，我脑洞大开。如果为敦煌石窟的每一个洞窟及其壁画和彩塑建立"数字敦煌"档案，石窟文物的历史信息不就可以永久地保存下去了吗? 我的这个想法得到了甘肃省科委的支持，专门为敦煌研究院立项拨款，用于"数字敦煌"档案建设试验。于是，敦煌研究院在全国文物界率先开始了数字档案的试验。

试验的最初几年很不顺利。后来，我们一方面组建了自己的工作团队，另一方面与国内外科研机构合作攻关。根据建立"数字敦煌"档案的目标，针对敦煌石窟结构不规整、有的洞窟空间狭窄、壁画面积大而壁面不平、壁画色彩多样复杂等特点，参照国外引进的基于轨道系统的覆盖式拍摄采集基本方法，改进了多项采集技术，设计了高保真壁画自动化采集系统，保证了在壁画拍摄采集过程中，光线均匀，图像质感与壁画文物信息保持一致。对于彩塑的拍摄采集，则攻克了浅浮雕、高浮雕、圆雕彩塑数字化平面采集技术，再进一步探索攻克了彩塑三维重建技术。从事"数字敦煌"档案这支队伍凭着不断超越自我的精神，攻克了建立"数字敦煌"档案工作中遇到的一个又一个技术难题。并在不断的试验探索过程中，形成了一整套集数字采集、数据处理、数字安全存储、数字有效管理等多项不可移动文物数字化技术规范和标准，实现了形状准确、色彩真实、高清晰度的"数字敦煌"档案。现在已经完成了莫高窟、榆林窟两处共 200 余个洞窟的图像采集，所有数据都按规范制作成"数字敦煌"档案，建立起系统的"数字敦煌"资源库。

建立敦煌石窟"数字敦煌"档案是一个基本目标，目的是永久保存敦煌石窟的历史信息，而永远保存历史信息，又是为了能永远利用敦煌石窟信息。文物的弘扬利用，是文物机构和文物人应该担当、必须担当的重大责任。这符合1992年联合国教科文组织启动的"世界的记忆"项目。该项目提出的：世界范围内在不同水准上用现代信息技术使文化遗产数字化，以便永久性地保存，并最大限度地使社会公众能够公平地享有文化遗产。这一项目的提出，标志着以信息技术为主要手段的世界文化遗产保护和利用的数字化时代的到来。

习近平总书记更明确地强调：要系统梳理传统文化资源，让收藏在禁宫里的文物、陈列在广阔大地上的遗产、书写在古迹里的文字都活起来。所以，在成功做出了能永久保存敦煌石窟历史信息的"数字敦煌"档案之后，我便提出了"数字敦煌"资源"永久保存、永续利用"的更高目标，这将成为敦煌研究院未来长期的使命和职责。这项使命就是在继续做好"数字敦煌"档案的同时，运用"数字敦煌"资源库，使在石窟里的敦煌艺术走出石窟、走出敦煌、走向全国、走向世界。使"数字敦煌"档案不仅服务于我们敦煌石窟保护、研究、弘扬各项业务，而且要服务于社会、服务于人民。

首先，数字化成果在敦煌石窟的保护、研究和弘扬领域得到了充分的应用。因数字图像精确地记录了壁画的信息，为壁画日常监测和保护提供更准确的依据；数字档案为"敦煌学"学者研究提供了重要的信息资源，高分辨率的图像，可以让学者看到在洞窟中看到肉眼看不清楚的文物细节，也可以浏览石窟内景的拼接全景，得到身临其境的感觉；传统的壁画临摹起稿是个难点，既费工，又费时，现在可依据准确的数字图像打印稿，拷贝起稿、上色，较好地解决了过去临摹的难点，提高了临摹效率，减轻了工作强度；又如考古测绘中利用洞窟数字图像资源，结合三维激光点云数据，可绘制精准的石窟考古报告测绘图。

特别在敦煌石窟艺术弘扬方面，"数字敦煌"资源库发挥了更大的作用。莫高窟自 1979 年向社会开放以来，游客数量持续攀升，特别是进入 21 世纪之后，伴随经济发展和人们对文化遗产的热情持续升温，每年迎来的游客越来越多。突破了日游客最大承载量，对石窟文物保护带来潜在的威胁。保护和旅游矛盾凸显，出现了对文物保护不利、对游客参观也不便的难题。

敦煌研究院为了解决文物保护和旅游开放的矛盾，提出了"总量控制、网上预约、数字展示、实地看洞"的旅游开放新模式，利用"数字敦煌"资源库的资源和先进的展示技术，制作 4K 高清宽银幕主题电影《千年莫高》和 8K 超高清球幕电影《梦幻佛宫》。

因为执行日游客最大承载量规定和游客预约参观制度，游客先看电影，后看洞窟，做到有序错峰接待游客，所以达成了既减轻莫高窟开放洞窟的压力，又提升游客观赏敦煌文化艺术的体验的希望，有效实现了文物保护与开放利用的平衡和双赢。如果没有前面"数字敦煌"资源库的建设，就不可能有现在的数字电影，文物保护和旅游开放的矛盾也很难协调。

2010 年，巴西召开的世界遗产委员会第 34 届会议对莫高窟旅游开放新模式给予了"莫高窟以非凡的远见，展示了有效的遗产地旅游管理方法，以保护遗产地的价值，树立了一个极具意义的典范形象"的高度评价。

又如数字敦煌壁画艺术精品进高校公益巡展，已在全国40 多所高校、中学、社区、企业举办，获得了社会各界的广泛欢迎，取得了良好的效果；数字敦煌资源库全球上线，全球网民只要轻叩鼠标，就可以进入资源库，高速浏览30个洞窟的超高清分辨率图像，以及全景漫游节目。这在国内外弘扬优秀传统文化敦煌石窟艺术，起到了积极的效果。

我是双肩挑的文物工作者。从30年前没有技术可以永久保存石窟壁画，到后来找到了数字化技术，经过反复试验，到现在不仅达到永久保存、走向持续广泛利用数字技术弘扬敦煌艺术，而且为了让敦煌石窟艺术更好地发挥弘扬传承作用，我还在推进数字化技术升级。敦煌石窟数字化这件事使我体会到无论科学研究，还是科学管理，要有问题意识，善于发现问题、抓住问题，善于深入思考、探索研究问题，善于妥善有效解决问题。

我能在敦煌研究院为伟大的世界文化遗产敦煌莫高窟服务一生，是我的荣幸。我是个大大咧咧的人，对于生活中的饮食、穿衣、住房、收入、名利等都并不在乎。我心中只有一件事，那就是敦煌石窟。只有在敦煌石窟，我的心才能安下来。因为那儿庄严、圣洁、安静。敦煌石窟遇到问题我就忧虑，得到保护我就高兴。我能为敦煌石窟做一点事，是我最大的安慰、最大的喜悦、最大的幸福。我已年过八十，如还能为敦煌石窟做点事，仍将尽我的微薄之力。